联合国防治荒漠化公约战略目标 3

国家报告实践指南

[英] Barker L J　Rickards N J　Sarkar S　Hannaford J　King-Okumu C　Rees G　编著

许继军　杨明智　周冬妮　潘登　宋志红　译

GOOD PRACTICE
GUIDANCE FOR
NATIONAL REPORTING ON
UNCCD STRATEGIC
OBJECTIVE 3

中国水利水电出版社
www.waterpub.com.cn
· 北京 ·

内 容 提 要

本书是《联合国防治荒漠化公约》(United Nations Convention to Combat Desertification，UNCCD) 在 2021 年出版的 *Good Practice Guidance for National Reporting on UNCCD Strategic Objective* 3 的中文译本。翻译时尽可能保持原著风格，同时兼顾中文读者的阅读习惯。全书主要内容共三章，即 1 级指标 受旱土地占土地总面积的比例趋势、2 级指标 受干旱影响的人口比例趋势、3 级指标 干旱脆弱性程度趋势，分别阐述了干旱威胁、暴露程度和脆弱性三项指标。本书附录概述了如何制定以及在未来如何改进本书中描述的各项指标，以提高监测效率。

本书可供从事干旱应对相关研究的院校师生、科研人员和管理人员参考使用。

图书在版编目（CIP）数据

联合国防治荒漠化公约战略目标3国家报告实践指南 / (英) 露西·巴克等编著 ; 许继军等译. -- 北京 : 中国水利水电出版社, 2024.5
ISBN 978-7-5226-2131-9

Ⅰ. ①联… Ⅱ. ①露… ②许… Ⅲ. ①沙漠化－防治－国际公约－研究报告 Ⅳ. ①P941.73

中国国家版本馆CIP数据核字(2024)第024085号

书　　名	**联合国防治荒漠化公约战略目标 3 国家报告实践指南** LIANHEGUO FANGZHI HUANGMOHUA GONGYUE ZHANLÜE MUBIAO 3 GUOJIA BAOGAO SHIJIAN ZHINAN
原 书 名	GOOD PRACTICE GUIDANCE FOR NATIONAL REPORTING ON UNCCD STRATEGIC OBJECTIVE 3
原 作 者	[英] Barker L J，Rickards N J，Sarkar S，Hannaford J，King-Okumu C，Rees G　编著
译　　者	许继军　杨明智　周冬妮　潘　登　宋志红　译
出版发行	中国水利水电出版社 (北京市海淀区玉渊潭南路 1 号 D 座　100038) 网址：www.waterpub.com.cn E-mail：sales@mwr.gov.cn 电话：(010) 68545888（营销中心）
经　　售	北京科水图书销售有限公司 电话：(010) 68545874、63202643 全国各地新华书店和相关出版物销售网点
排　　版	中国水利水电出版社微机排版中心
印　　刷	天津嘉恒印务有限公司
规　　格	170mm×240mm　16 开本　8 印张　131 千字
版　　次	2024 年 5 月第 1 版　2024 年 5 月第 1 次印刷
定　　价	**88.00** 元

译 者 序

干旱是一种全球性的自然现象，源于气象条件变化造成的特定系统水分持续亏缺。持续的干旱会导致地表水资源短缺、土壤水分亏缺和地下水位下降。在全球变暖背景下，全世界许多干旱脆弱区极端干旱灾害频繁发生，给当地的生态环境、居民生计和社会发展造成严重的直接和间接影响。研究发现，水电开发、农业灌溉和畜牧业生产地区最容易受到干旱灾害的影响，其产生的经济损失也相应较大。同时，全球人口增长和大量工农业用水需求的增长，也进一步加大了区域干旱脆弱性。越来越多的学者开始关注区域干旱脆弱性研究，并开发了各种方法来定义和评价干旱脆弱性。尽管如此，干旱脆弱性评价方面的可用文献相对有限，迫切需要一部干旱方面的专业类书籍供相关专业人士参考。

干旱科学兼具自然与社会双重属性，涵盖大气科学、水文学、地貌学、生态学、环境学和社会学等基础学科。十多年来，我们一直关注干旱方面的相关研究。同时，我们也密切关注着国外相关研究进展。在众多干旱领域的研究成果中，《联合国防治荒漠化公约》（UNCCD）提出的 *Good Practice Guidance for National Reporting on UNCCD Strategic Objective 3*（《联合国防治荒漠化公约战略目标 3 国家报告实践指南》）引起了我们极大的兴趣。该书提出的干旱脆弱性评价为在社会、经济和生态环境层面确定干旱影响的根源提供了一个框架，有助于了解哪些区域易受干旱影响，以及可以采取什么措施来减少干旱脆弱性、减缓干旱的影响。

该书的目标是为读者提供一套减缓、适应和管理干旱影响，增强脆弱人口和生态系统抵御干旱的能力的系统方法，就如何计算干旱威胁、暴露程度和脆弱性三项指标提供技术指导。该书重点介绍了计算各项指标的方法，包括如何计算 2000—2015 年基准期的各项指标，以及相关方在何时需要根据新的数据和/或可用方法重新计算指标。针对设定的目标，本书设置有3章内容。其中，第1章讲述1级指标（干旱灾害指标），采用受旱土地占土地总面积的比例趋势表征干旱造成的危害，适合于研究生层次的人员。第2章讲述2级指标（干旱暴露指标），可将1级单一干旱灾害指标与采用通用计算方法且易于上手的干旱暴露程度指标关联起来，这部分内容面向大学教师、科研院所的研究人员。第3章讲述3级指标（综合干旱脆弱性指标），以1级指标和2级指标为基础，能够更直接、更全面地衡量战略目标，即减缓、适应和管理干旱的影响，以增强脆弱人口和生态系统抵御干旱的能力，具有跨学科的特征，这部分内容面向社会管理人员。因此，《联合国防治荒漠化公约战略目标3国家报告实践指南》一书可为从事干旱应对相关研究的研究生、大学教师、科研人员和社会管理者等提供参考。

《联合国防治荒漠化公约战略目标3国家报告实践指南》一书形式新颖、内容实用，其科学系统的理论框架和严谨的表达，成为干旱风险管理领域的代表性著作，并将对这一学科的发展产生了积极而深远的影响。其编写、撰稿、审稿涉及来自十几个国家共计50多位合作人员，可以说该书是一项繁杂的系统工程，体现了他们的团结协作、坚韧担当的科学精神。为了使国内学者更方便地了解相关内容，促进国内干旱学的发展，我们尝试将其译成中文。

全书共分为3章，分别阐述了干旱风险的威胁、暴露程度和脆弱性三项要素。第1章为1级指标，描述了干旱灾害发生趋势，采用标准化降水指数（SPI）来推导，并就使用免费可用的全球数据集来计算SPI的方法和工具提供了指导。第2章为2级指标，描述了暴露于干旱灾害的人口，基于地理位置和1级指标确定的干旱严重程度确定，可以使用国内数据或者免费可用的全球网格化人口数据来计算2级指标，也可以按生理性别对2级指标进行进一步分解，便于对干旱暴露程度的人口特征进行进一步量化。第3章为3级指标，采用综合干旱脆弱性指数（DVI）描述一国人口遭遇干旱时的脆弱性程度，揭示干旱脆弱性的社会、经济和基础设施要素，并提供了用于不同层级脆弱性评估的全球可用数据集以及一个全球干旱脆弱性指数数据集。

翻译过程是艰辛的，我们自2022年开始着手翻译到出版，三易其稿。由于涉及较多计算公式、指标基本原理等内容，英文的理解难度较大；另一方面，文中涉及许多我们不太熟悉的专业术语，准确理解其含义颇费了一番功夫。在水利部长江水利委员会国际合作与科技局的精心指导和大力支持下，我们顺利完成本书的相关翻译出版工作。特别感谢几位团队成员共同参与了本次翻译工作，他们是杨明智、周冬妮、潘登、宋志红等，感谢他们的辛勤劳动！尽管如此，由于译者水平有限，翻译过程中难免存在不当之处，敬请读者批评指正。

本书的翻译还得到国家重点研发计划课题（2023YFC3205600）、国家自然科学基金长江水科学研究联合基金项目（U2040212）和湖北省自然科学基金项目（2022CFD037）的资助。在此一并表示感谢！

译者

2024年初夏

免 责 声 明

本译本不是由《联合国防治荒漠化公约》（United Nations Convention to Combat Desertification，UNCCD）翻译编写的。UNCCD不对翻译的内容或准确性负责。如出现异议，以英文原版为准。

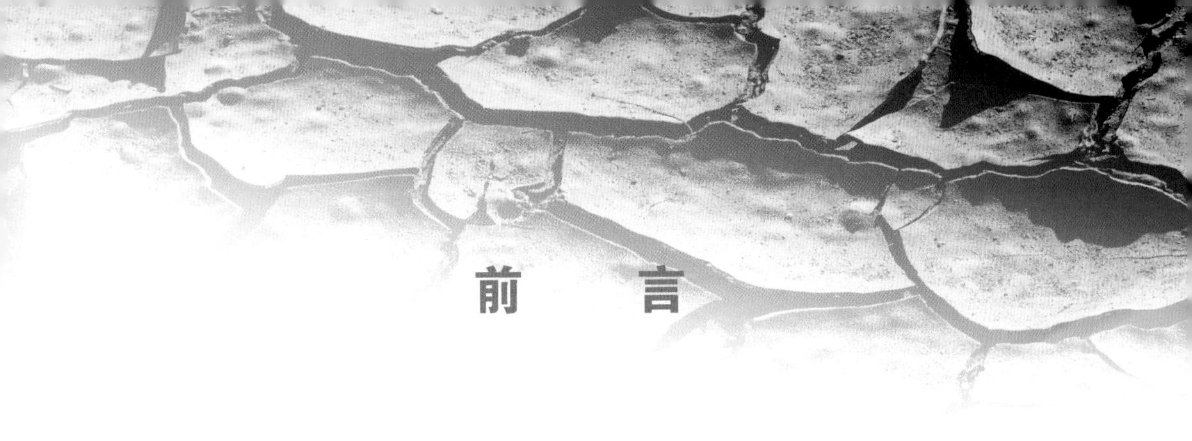

前　言

干旱对全球社会、生态系统和经济产生了深刻的负面影响。联合国发布的减少灾害风险全球评估报告《全球评估报告——2021 年干旱特别报告》（以下简称《2021 年干旱特别报告》）中指出，1998—2017 年，全球已有至少 15 亿人受到干旱直接影响，经济损失累计约 1240 亿元。尽管没有任何国家能够幸免，但干旱对贫穷国家和脆弱人群的影响最严重。

随着全球平均气温较工业化前水平升高幅度逼近 2℃，干旱给许多地区带来的影响日益加剧。正如《2021 年干旱特别报告》所强调的那样，预计到 2100 年，超过 20 亿人将面临更频繁和更严重的干旱。

我们迫切需要进行范式转变，必须从被动响应和基于危机的做法转向主动预防和风险管理的做法。提前降低未来风险以及提高对不断变化的干旱灾害的抵御能力的成本，远低于应对被迫移民或内乱等干旱负面影响的成本。

《联合国防治荒漠化公约》(United Nations Convention to Combat Desertification，UNCCD) 缔约方早就认识到需要将干旱作为一个全球性问题来解决，因为干旱会加速荒漠化和土地退化，损害生态系统健康和民生，并加剧社会不稳定。2017 年，在一场被称为二战以来最严重的人道主义危机的干旱之后，《联合国防治荒漠化公约》缔约方将缓解干旱作为其 2018—2030 年战略框架的五个战略目标之一（即战略目标 3)。根据联合国人道主义事务协调厅（UNOCHA）的数据，整个非洲和中东地区约有 2000 万人处于饥饿的边缘。2019 年，UNCCD 缔约方通过了一个全球监测框架，并要求秘书处与相关专门机构合作，为国家报告制定统一的方法指南。

编写本指南是为了支持缔约方报告在实现战略目标 3 方面取得的进展，战略目标 3 旨在减缓、适应和管理干旱的影响，以增强脆弱人口和生态系统抵御干旱的能力。本指南为缔约方的工作提供了参考，特别是对在全球范围内报告干旱造成的危害、受干旱影响的人口以及脆弱性三个方面。这是干旱风险的三个要素，每个要素都由监测框架中确定的指标表示。

本指南平衡了最先进的方法和数据可用性与相对简单性及全球适用性的需求。它符合国际标准和世界气象组织的有关决议。然而，由于干旱的复杂性和多变性，因此不存在唯一的监测和管理所有干旱的方式。通过本指南，《联合国防治荒漠化公约》旨在加强全球干旱监测工作在所有相关政府机制之间的合作，而不是取代在国家和地方层面监测干旱所需的方法和精细程度。

考虑到各国国情的差异，本指南中记录的监测方法可以根据数据可用性和监测能力进行调整。缔约方可以立即开始跟踪其在实现战略目标3方面的进展情况，而全球新出现的科学发展为今后进一步完善干旱风险监测和管理方法打开了大门。

现在是国际社会团结起来和谐地解决干旱问题的时候了。

Ibrahim Thiaw

《联合国防治荒漠化公约》执行秘书

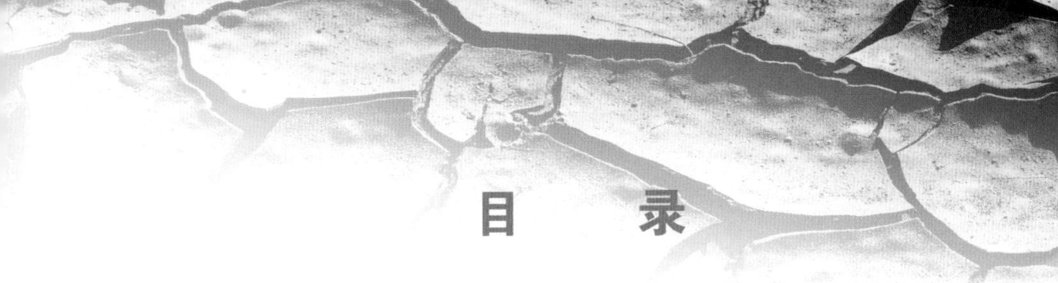

目 录

缩　写　词

AED　大气蒸发需求（Atmospheric Evaporative Demand）

AMO　大西洋多年代际振荡（Atlantic Multidecadal Oscillation）

CCD　冷云持续时间（Cold Cloud Duration）

CDI　综合干旱指标（Combined Drought Indicator）

CHIRPS　气候危险组红外降水与站点（Climate Hazards Group InfraRed Precipitation with Stations）

CIESIN　国际地球科学信息网络中心（Centre for International Earth Science Information Network）

CO_2　二氧化碳（Carbon Dioxide）

COP　缔约方大会（Conference of the Parties）

DHS　人口与健康调查（Demographic and Health Surveys）

DMCSEE　东南欧干旱管理中心（Drought Management Centre for Southeastern Europe）

DRAMP　干旱韧性、适应和管理政策（Drought Resilience Adaptation and Management Policy）

DVI　干旱脆弱性指数（Drought Vulnerability Index）

EC　欧洲委员会（European Commission）

ECMWF　欧洲中期天气预报中心（European Centre for Medium-Range Weather Forecasts）

EDO　欧洲干旱观测站（European Drought Observatory）

EIA　环境影响评价（Environmental Impact Assessment）

ENSO　厄尔尼诺南方振荡（El Niño Southern Oscillation）

EO　地球观测（Earth Observations）

EOSDIS　地球观测系统数据和信息系统（Earth Observing System Data and Information System）

ERA　欧洲中期天气预报中心再分析（ECMWF Reanalysis）

FAO　联合国粮食及农业组织（Food and Agricultural Organization of the United Nations）

FEWS NET　饥荒预警系统网络（Famine Early Warning Systems Network）

GDAL　地理空间数据抽象库（Geospatial Data Abstraction Library）

GDCS　全球干旱分类系统（Global Drought Classification System）

GDP　国内生产总值（Gross Domestic Product）

GHM　全球水文模型（Global Hydrological Model）

GIS　地理信息系统（Geographic Information System）

GLOFAS　全球洪水预警系统（Global Flood Awareness System）

GMAS　全球多灾种预警系统（Global Multi-Hazard Alert System）

GPCC　全球降水气候中心（Global Precipitation Climatology Centre）

GPG　良好实践指南（即本指南——译者注）（Good Practice Guidance）

GPW　世界网格化人口（Gridded Population of the World）

GRDC　全球径流数据中心（Global Runoff Data Centre）

gROADS　全球道路开放获取数据集（Global Roads Open Access Data Set）

GRUMP　全球农村城市测绘项目（Global Rural-Urban Mapping Project）

GWP　全球水合作伙伴关系（Global Water Partnership）

HydroSOS　水文状况和展望系统（Hydrological Status and Outlooks System）

IDMP　综合干旱管理计划（Integrated Drought Management Programme）

IPCC　政府间气候变化专门委员会（Intergovernmental Panel on Climate Change）

ISIC　国际标准产业分类（International Standard Industrial Classifications）

JMP　水供应、卫生和卫生监测计划联合监测程序（Joint Monitoring Programme for Water Supply，Sanitation and Hygiene）

JRC　联合研究中心（Joint Research Centre）

LSM　陆面过程模型（Land Surface Model）

MPI　多维贫困指数（Multi-dimensional Poverty Index）

NDMC　美国国家干旱减灾中心（National Drought Mitigation Center）

NDVI　归一化植被指数（Normalized Difference Vegetation Index）

NetCDF　网络公共数据格式（Network Common Data Form）

NMHS　国家气象水文局（National Meteorological and Hydrological Serice）

OECD　经济合作与发展组织（Organisation for Economic Co-operation and Development）

PCA　主成分分析（Principle Components Analysis）

PDSI　帕默尔干旱指数（Palmer Drought Severity Index）

PE　潜在蒸散发（Potential Evapotranspiration）

SDG　可持续发展目标（Sustainable Development Goal）

SEDAC　社会经济数据和应用中心（Socioeconomic Data and Applications Center）

SO3　战略目标 3（Strategic Objective 3）

SPEI　标准化降水蒸散发指数（Standardized Precipitation Evapotranspiration Index）

SPI　标准化降水指数（Standardized Precipitation Index）

SSI　标准化流量指数（Standardized Streamflow Index）

UK　英国（United Kingdom）

UKCEH　英国生态与水文学研究中心（UK Centre for Ecology & Hyrology）

UN　联合国（United Nations）

UNCCD　《联合国防治荒漠化公约》（United Nations Convention to Combat Desertification）

UNDP　联合国开发计划署（United Nations Development Programme）

UNDRR　联合国减灾办事处（United Nations Office for Disaster Risk Reduction）

UNESCAP　联合国亚洲及太平洋经济社会委员会（United National Economic and Social Commission for Asia and the Pacific）

UNESCO　联合国教育、科学及文化组织（United Nations Educational，Scientific and Cultural Organization）

UNHCR　联合国难民署（United Nations High Commissioner for Refugees）

UNICEF　联合国儿童基金会（United Nations Children's Fund）

UNISDR　联合国国际减灾战略（United Nations International Strategy for Disaster Reduction）

UNPD　联合国人口司（United Nations Population Division）

UNFPA　联合国人口基金（United Nations Population Fund）

UNWPP　联合国世界人口展望（United Nations World Population Prospects）

US　美国（United States）

USDM　美国干旱监测（US Drought Monitor）

VA　脆弱性评估（Vulnerability Assessment）

VCI　植被状况指数（Vegetation Condition Index）

VHI　植被健康指数（Vegetation Health Index）

WAVES　财富核算和生态系统服务价值评估（Wealth Accounting and the Valuation of Ecosystem Services）

WHO　世界卫生组织（World Health Organization）

WMO　世界气象组织（World Meteorological Organization）

WRI　世界资源研究所（World Resources Institute）

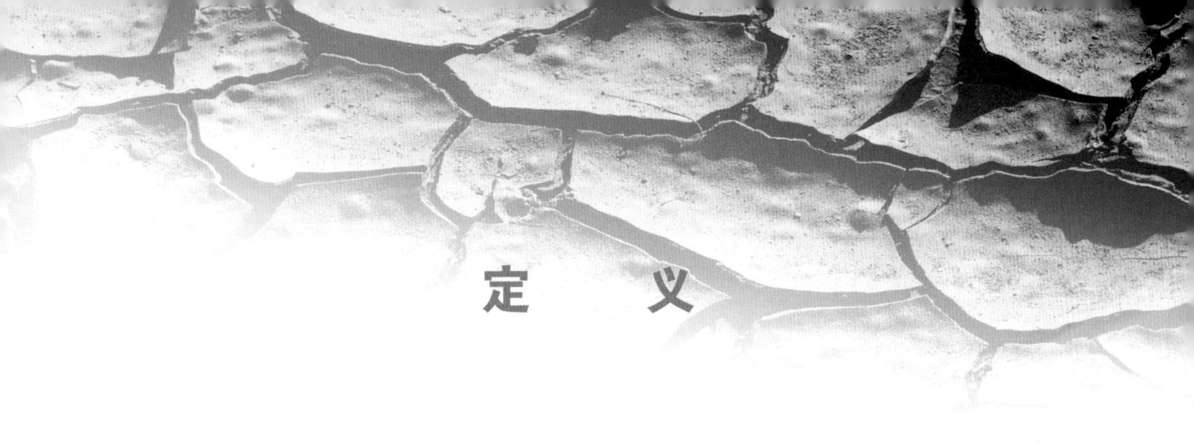

定 义

本部分定义了在本指南（GPG）中使用的关键术语和概念。在可能的情况下，通篇采用了政府间协商的标准定义，并提供了适当的参考。

适应能力

适应能力指系统、机构、人类和其他有机体适应潜在损害、利用机会或应对后果的能力（IPCC，2014c）。

农业产业增加值占国内生产总值的百分比

这一因素指的是农业产业增加值在因素成本价值增加总额中所占的百分比。在国际标准产业分类（ISIC）的 1－5 部分，农业包括林业、狩猎和渔业，以及作物种植和畜牧业。

干燥度

区别于干旱，干燥度是某一地点/环境的持久特征，是水资源供应的自然永久性不平衡，其特点是平均年降水量偏低、空间和时间变异性大，导致整体湿度低、生态系统承载力低（Pereira et al.，2002）。

基准期

为符合《联合国防治荒漠化公约 2018—2030 年战略框架》中的所有战略目标的报告要求，基准期选为 2000—2015 年。在本指南中，基准期的指标用作未来报告过程中评估干旱灾害和暴露状况的背景。对于 1 级和 2 级指标，基准期计算的指标用来作为未来过程的基准值，以评估干旱灾害和暴露度随时间的变化。对于3级指标，基准期计算的干旱脆弱性指数（DVI）用于比较各报告期间的DVI，以评估干旱脆弱性随时间的变化趋势。这里假设DVI计算在基准期和报告期之间始终保持一致，输入数据集或方法没有改变。为了报告和汇总这三项指标，本指南将基准期以四年为一个间隔期进行划分。

应对能力

应对能力指人、机构、组织和系统利用现有的技能、价值观、信念、资源和机会来应对、管理和克服短期到中期的不利条件的能力（IPCC，2014c）。

配备灌溉设施的耕地百分比

配备灌溉设施的耕地百分比指已经配备灌溉设施的耕地面积占总耕地面积的百分比。这一因素对少数灌溉牧场的国家无效。通过将配备灌溉设施的耕地面积（包括完全/部分控制灌溉、配备灌溉设施的低洼地区和引洪灌溉的耕地）除以总耕地面积来计算。这里的耕地面积指的是实际开垦的物理面积，不包括临时休耕的土地面积。这一因素表示了农业部门面对干旱的短期应对能力，但并未考虑灌溉设施是否工作正常、土地是否正在灌溉，以及是否有关于水资源长期利用的规划以确保长期适应能力。

干旱的脆弱性程度

在本指南中，通过干旱脆弱性指数（DVI）来评估一个国家对干旱的脆弱性。

方框1　不同干旱类型的定义

干旱的定义是一个复杂而有争议的问题，不能仅将干旱简单定义为偏离“正常”条件的状态。普遍认同的通用的干旱定义并不存在，而且通用的干旱定义从根本上是不切实际的（Lloyd-Hughes，2014），因为

水分亏缺通过水循环的传播过程高度复杂，导致对土壤湿度、地下水位、河流流量、供水、生态系统以及社会和经济产生影响（见下图）。不仅是气象干旱，所有类型的干旱均来源于降水不足。

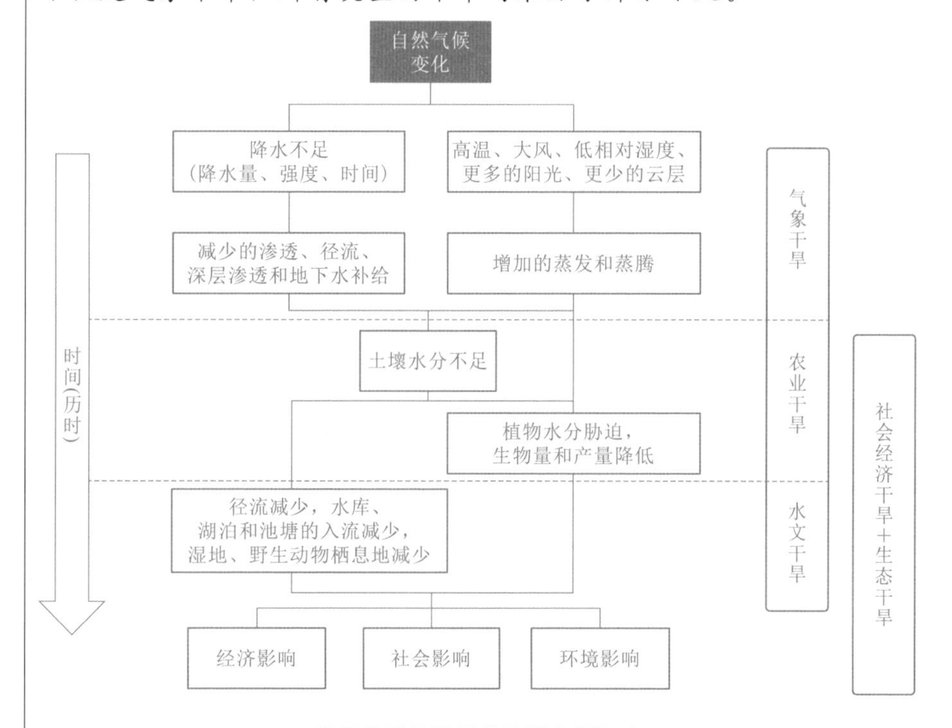

常见类型的干旱发生顺序和影响

注：改编自美国国家干旱减灾中心（NDMC）。

为此，人们已经认识到干旱的各种类型，通常区分为气象干旱、水文干旱、农业干旱和社会经济干旱（Wilhite et al.，1985），也有更进一步的划分，如“生态干旱”。尽管干旱被划分为不同的类型，但并不意味着这些类型是截然不同和相互排斥的。从根本上说，这些类型是同一事物（气象异常）的表现形式，但由于该气象异常在水文循环中传播时的衰减或滞后而具有不同的特征。此外，这些类型通常是根据发生影响的水文循环环节来定义的。因此，这些不同类型的干旱有可能在某一地点同时发生，这取决于气象异常的传播速度。

目前对这些干旱的类型并没有正式的、普遍认同的分类方法。但以下提供了科学文献中的一些常见定义，并进行了简要讨论。

气象干旱：《联合国防治荒漠化公约》对干旱的定义很笼统。该定义主要描述气象干旱，即降水不足，可能还伴有潜在蒸散量增加，范围广，持续时间长（Van Loon，2015）。

水文干旱：水文系统缺水，表现为河流流量异常偏低，湖泊、水库和地下水位异常偏低（Tallaksen et al.，2004）。鉴于在水文循环中传播的滞后性，水文干旱的发展通常比气象干旱缓慢——尽管这在很大程度上取决于水文系统的响应能力，而水文系统的响应能力又因地表水和地下水储存的性质和配置而有很大差异。在这一分类中，地下水干旱有时会被单独识别，因此水文干旱一词有时会被笼统地使用，但有时会更具体地用于地表水。Van Loon（2015）对水文干旱进行了全面介绍，并强调了如何根据主要水文过程、季节性等将这一概念细分为许多进一步的子类型。

农业干旱：又称土壤水分干旱，是指降水量低于平均水平、降雨频率较低和/或蒸散量高于正常水平导致土壤水分减少，从而导致生长受阻和产量下降的干旱（King-Okumu，2019）。虽然该术语通常指土壤水分减少，但气温升高会通过生理压力直接影响作物。更广义地说，该术语还可指由于水文赤字（如缺乏灌溉用水）而导致的干旱对农业的影响。

社会经济干旱：当人类活动受到降水量和相关供水量减少的影响时发生。社会经济干旱将人类活动与气象、农业和水文干旱要素联系起来，“当与天气有关的供水短缺导致经济物品供不应求时，就会发生社会经济干旱”（King-Okumu，2019）。在这个广泛的分类中，理论上可以根据受影响的经济部门来识别非常多的干旱类型（Hannaford et al.，2019）。

生态干旱：土壤水分或生物可用水量长期或普遍不足。IPCC将农业干旱和生态干旱都称为“土壤水分干旱”，但通常将这两者视为独立的类型：农业干旱被认为影响农业生态系统，而生态干旱被认为影响其他自然或人工管理的陆地和淡水生态系统，如森林或湿地及其动植物群。因此，将“土壤水分干旱”泛指为物理现象，而农业干旱和生态干旱则主要基于不同行业的影响。此外，生态干旱超出了土壤湿度低造成的陆地影响，因为温度升高和可用水量减少会造成生态系统退化和生理

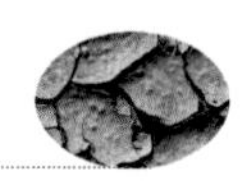

压力，导致树木死亡（Breshears et al.，2013）或鱼类死亡。文献中对生态或环境干旱的论述还比较少，尽管最近的一些论文已经提出了这一概念（如 Crausbay et al.，2017；Slette et al.，2019；Vicente - Serrano et al.，2020）。

干旱很少作为单一事件发生，而是与其他危害（如热浪和野火）以及之前的干旱事件相关联，这进一步增加了其复杂性。干旱的定义也受到其发生的空间和时间尺度变化的影响。干旱通常发展缓慢，一般持续数月至数年，但极端的“特大干旱”可以持续数十年（如 Cook et al.，2015）。相比之下，所谓的“骤旱”发生时间较短（不到三个月），通常以高温为特征，导致土壤水分迅速枯竭，从而造成重大影响（Otkin et al.，2018；Pendergrass et al.，2020）。

干旱

干旱是足够长的、足以引起严重的水文失衡的干燥天气期（世界气象组织，1992；IPCC，2012）。《联合国防治荒漠化公约》将干旱定义为“降水明显低于正常记录水平，引起严重水文失衡从而对土地资源生产系统造成不利影响的自然现象”（《联合国防治荒漠化公约》第 1 条）。

“干旱”一词有许多定义，其共同点是，干旱是一个相对的概念，必须视为降水相对于特定时间/地点的“正常”情况的偏离（Tallaksen et al.，2004；Mishra et al.，2010）。方框 1 中提供了一些来自科学文献的对干旱的常见定义和简要讨论。

重要的是，不要将干旱事件与水资源短缺和干燥度这两个根本不同和更持久的概念混为一谈，干旱事件是指相对于所讨论的时间/地点定义的给定的、有时限的事件。

干旱指标

干旱指标指用来描述干旱状况的变量或参数，例如：降水量、流量、地下水位和土壤湿度（世界气象组织和全球水合作伙伴关系，2016）。

干旱指数

通常根据气候或水文气象学的输入（来自观测测量、遥感或模拟数据）来计算干旱特征。干旱指数提供了对干旱事件的各种关键特征（如强度、地点、时机和持续时间）的定量评估。因此，干旱指数结合有关暴露资产及其脆弱性特征的附加信息，对追踪、预测与干旱相关的影响和结果至关重要（世界气象组织和全球水资源伙伴关系，2016）。值得注意的是，干旱指数本质上也是干旱指标，因为它描述了干旱条件，并且在许多情况下可以互换使用。鉴于上述干旱定义方面的挑战，通过使用各种干旱指数来量化干旱风险的方法层出不穷也就不足为奇了。Lloyd-Hughes（2014）在文献中发现了100多种不同的干旱指数。但自那以后，该领域的文献增长（如Bachmair et al.，2016a）意味着可用于应用的干旱指数数量可能更多。本指南采用全球公认的干旱指数——标准化降水指数（SPI）来推导1级指标。

干旱强度等级

在本指南中，干旱强度等级指的是由标准化降水指数（SPI）描述的干旱强度等级，包括轻度干旱（－1～0）、中度干旱（－1.5～－1）、严重干旱（－2～－1.5）和极端干旱（＜－2）。随着强度等级越来越极端，这些值出现的可能性（以及在该类别中停留的时间）减少。标准化降水指数（SPI）和强度等级将在1.1节、1.2节和1.4节中进一步描述。

干旱脆弱性综合指数

干旱脆弱性综合指数由社会、经济和基础设施三个要素组成，每个要素都与脆弱性相关联。就本指南而言，每个要素也可以是一个由社会、经济和基础设施因素组成的通过计算推导出的数字，这些因素是可观察或可测量的变量，可作为全球和/或国家数据集使用。

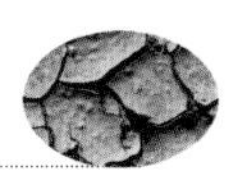

人均能源消耗量

人均能源消耗量指以人均计算的一次能源消耗量，一次能源指的是在转换为其他最终用途燃料之前的能源（指自然界中以原有形式存在的未经加工转换的能源，又称天然能源——译者注）。这包括本地生产加上进口和库存变化，减去出口和供应给从事国际运输的船舶和飞机的燃料。虽然它反映了气候、地理和经济等因素，比如能源相对价格，但它是经济活动的一个衡量指标，高收入经济体的人均能源消耗量是中低收入经济体的五倍。该因素意味着经济增长将更有助于实施短期应对和长期适应策略。

暴露度

暴露度描述了人、社会、生计、生态系统、环境、资源、基础设施、经济或文化资产可能受到灾害不利影响的存在特征（IPCC，2014b）。在时空变化的灾害背景下，暴露度可以看作是评估单元在灾害事件地理范围内的程度。了解有多少人暴露于干旱是确定哪些人有可能受到灾害影响的第一步（Pricope et al.，2020）。在本指南中，我们将暴露度（通过2级指标数据进行测量）定义为暴露于干旱（利用1级指标计算）的人数。

人均国内生产总值（2010年不变价美元）

人均国内生产总值是用国内生产总值（GDP）除以总人口来得到。GDP是一个国家（或地区）所有居民生产者的总增加值加上任何产品税减去未计入产品价值的任何补贴。它不计入制造资产的折旧或自然资源的消耗和退化。数据以2010年不变价美元计算。这是一个国家（或地区）居民平均生活水平的代理指标。

性别

性别指的是与男性与女性特点及机会相关的社会属性和机会，以及男女之间的关系，女性与女性、男性与男性之间的关系。这些属性、机会和关系是社会构建的，并通过社会化过程学习。它们是特定于上下文/时间和可变的。性别是更广泛的社会文化背景的一部分。进行社会文化分析的其他重要标准包括阶级、种族、贫困程度、族群和年龄。

1级指标

如第11/COP.14号决议所述，1级指标为“受旱土地占土地总面积的比例趋势”。为报告实现战略目标3（SO3）的进展情况，受旱土地的比例用四个干旱强度等级（轻度干旱、中度干旱、严重干旱和极端干旱）下的土地比例表示。

1级指标的衡量单位是空间范围，用在每个报告年处于每个干旱强度等级下的土地面积占全国土地总面积的比例（百分比或%）来表示。数值应精确到小数点后一位。

2级指标

如第11/COP.14号决议所述，2级指标是“受干旱影响的人口比例趋势”，其定义是每个报告年遭受1级指标确定的干旱强度等级的人口百分比（%）。数值应精确到小数点后一位。

3级指标

如第11/COP.14号决议所述，3级指标是“干旱脆弱性程度趋势”，这是对一个国家脆弱性的评估（以干旱脆弱性指数表示）相对基准期随时间变化（或在没有变化的情况下保持稳定）的总体方向。

全球干旱分类系统（GDCS）

这是世界气象组织（WMO）正在开发的干旱分类系统，旨在协调国家气象和水文部门制定的国家干旱指数。该系统将有助于WMO全球多灾种预警系统（GMAS）框架，该框架旨在支持各国提供和发布官方天气警报和警告。

政府效能

政府效能指捕捉公共服务质量、公务员质量及其独立性程度、政策制定和执行质量以及政府对此类政策的承诺的可信度的认知。作为一个指标，它是评估一个国家应对干旱事件能力的指标之一（Naumann et al.，2014）。

灾害

在本书中灾害指一种未来可能发生的自然或人为引发的可能对脆弱和暴露的元素产生不利影响的物理事件（Cardona et al.，2012；IPCC，2014）。在本指南中，灾害指的是由自然水文气象赤字导致的干旱事件（由1级指标测量），其可能对暴露和脆弱人口与生态系统产生影响。

基础设施脆弱性因素

基础设施脆弱性因素指在全球和/或国家以及次国家级别数据中可观察/可测量的变量，这些变量被推荐在本指南中干旱脆弱性指数（DVI）的基础设施要素中使用。这些因素在科学文献中已被使用，并被专家推荐用于定义基础设施的干旱脆弱性。

出生时预期寿命

出生时预期寿命指新生儿按照同样的死亡率水平度过一生能够存活的寿命。这是一个国家的健康状况的表示，更健康的人口在本质上更能抵御干旱的影响。

识字率（针对15岁及以上人口）

识字率（针对15岁及以上人口）指15岁及以上人口中既能读又能写，并理解日常生活简短陈述的人口百分比。识字率被描述为评估教育水平的一种结果指标，尽管不一定反映教育质量。它可以预测劳动力的素质，并可用作衡量教育系统效果的替代指标。教育的累积成就对进一步的智力增长和社会经济发展至关重要。女性高识字率意味着她们能寻求并利用信息，以改善其家庭成员的健康、营养和教育，从而发挥有意义的作用。高识字率的群体在应对干旱和实施减灾适应策略方面更有能力。

人口

人口指居住在给定地区的总人口。在2级指标中，“人口”指的是每个网格单元的绝对人口数量，而“总人口”是整个国家的人口总数。在3级指标中，“人口”指的是该国的总人口以及所使用的次国家空间单位的总人口（男性或女性），具体取决于所使用的脆弱性评估层级。

15～64岁人口占总人口的百分比

15～64岁人口占总人口的百分比，表明不同年龄段对环境和基础设施的影响，有助于分析资源使用情况和制定有关基础设施和发展的未来政策和规划目标

国际贫困线以下的人口百分比

国际贫困线以下的人口百分比指按2011年购买力计算，生活消费每天少于1.90美元的人口比例。贫困人口更有可能生活在更容易暴露和受到自然灾害影响的地区和条件下，同时应对和适应能力可能更低（Hagenlocher et al.，2019；附录A）。

降水

降水指从云中降落或从空气中沉积到地面上的水汽冷凝或升华的液体或固体产物（世界气象组织和联合国教科文组织，1998）。

使用安全管理饮用水服务的人口百分比

使用安全管理饮用水服务的人口百分比指使用安全管理饮用水源（如自来水、钻孔或管井、受保护的挖井、受保护的泉水、雨水以及包装或输送的水）的人口比例。这些水源是现场的、按需可用且无粪便和化学物质污染的。获得安全管理饮用水的人口百分比越高意味着这些人口拥有更高的生活质量，因此，他们应对干旱的能力就越强。

参考期

标准的气候常态时期用于将降水数据标准化以推导出标准化降水指数（SPI）。目前，世界气象组织的指导方针将1981—2010年定义为标准的气候常态时期（World Meteorological Organization，2017），然而，需要注意的是，随着更多的数据可用，这可能会在未来的报告过程中发生更改。

按庇护国或庇护领地划分的难民人口占总人口的百分比

符合以下任一标准即可被认定为难民人口：1951年关于难民地位的公约或其1967年的议定书；1969年非洲统一组织关于难民问题特定方面的公约；联合国难民署章程；被授予类似难民的人道主义地位或提供临时保护的人（Naumann et al.，2014）。庇护国是提出并获得庇护申请的国家。难民群体更容易受到自然灾害的影响（生活在临时住所等），并且较难应对灾害（Naumann et al.，2014）。

报告过程

根据第15/COP.13号决议，《联合国防治荒漠化公约》报告周期为四年。战略目标3监测的第一个报告过程于2021年开始，报告期为2016—2019年。各缔约方将每四年向《联合国防治荒漠化公约》报告1级、2级和/或3级指标。

报告期

在每个报告过程中，三个战略目标3的指标的量化覆盖了四年的时间范围。3级指标在每个报告期内进行计算，而1级和2级指标则在报告期内的每个报告年进行计算。

报告年

每个报告期由四个报告年组成。在1级和2级指标的情况下，指标是针对每个报告年进行计算的。

回弹性

回弹性指社会或生态系统吸收干扰并保持相同基本结构和功能方式的能力，具备自组织的能力以及适应压力和变化的能力（Lavell et al.，2012）。

农村人口百分比

农村人口百分比指居住在农村地区的人口占总人口的百分比，通过从总人口中减去城市人口来计算。农村人口可能存在更大的收入不平等，且生计更依赖自然资源，这可能使他们对干旱更为脆弱。

社会脆弱性因素

社会脆弱性因素指本指南中建议用于构建干旱脆弱性指数（DVI）的社会部分的可观察/测量数据，包括全球、国家和次国家级的数据变量。这些因素在科学研究中被广泛采用，并由专家建议，用于定义干旱的社会脆弱性。

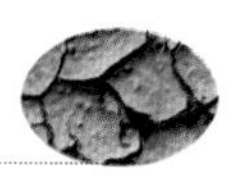

标准化降水指数（SPI）

标准化降水指数（SPI）是一种由 McKee 等（1993）提出的广泛用于气象干旱监测的干旱指数。它基于长期的降水数据，通过拟合概率分布函数并转化至标准正态分布，使得 SPI 等于 0 时表示给定位置、月份和累积期时的降水为正常降水（World Meteorological Organization，2012）。与正常值的偏离（正负）用标准差表示。更大的值表示这些偏差更严重，但发生的可能性也更小。WMO 推荐使用 SPI 来监测气象干旱，因为它计算简便，仅需一个输入指标，适用于时空比较，并支持用户自定义不同累积期（Hayes et al.，2011）。需要注意的是，SPI 的应用存在局限性，尤其是在干旱气候中（Wu et al.，2007），这些局限性将在 1.5 节中详细讨论。

SPI 是通过汇总（即求和）给定累积期的月降水量数据计算得出的。累积期可以是 1～24 个月，这与 SPI 的大多数应用相符，尽管该指数也应用于日尺度和周尺度的干旱监测，且实践中也使用超过 24 个月的累积期。我们推荐使用 12 个月，来指示每个空间单元（如网格单元或雨量计）的年降水量亏缺，得到 12 个月的月累积降水量时间序列。然后，将其转换为标准正态分布，使 SPI 的标准差为 1，均值为 0（McKee et al.，1993）。每个月、每个网格单元和每个累积期都会计算一个 SPI 值。更多关于 SPI 和累积期的信息，请参考 WMO 的 SPI 用户指南（World Meteorological Organization，2012）。在本指南中，不同累积期的 SPI 表示为 SPI－x，例如，SPI－12 对应 12 个月的累积期。

敏感性

敏感性指易受极端自然事件损害的可能性，描述了生态系统和社会的结构状况（Meza et al.，2019）。

脆弱性评估等级（VA 等级）

脆弱性评估等级（VA 等级）表示计算干旱脆弱性指数（DVI）方法

的复杂程度。它的使用方式与 2006 年《政府间气候变化专门委员会关于国别温室气体清单编制指南》(IPCC，2006) 中定义的方式类似，并经过第 20/CP.7 号决议批准。

总土地面积

总土地面积指的是一个国家除去永久性内陆水域 (如主要河流和湖泊) 所覆盖的区域。

人均年度可再生水资源量

人均年度可再生水资源量包括整个国家的地表水和地下水，这个变量不考虑水是否易于获取或安全，而是表明一个国家的每个人在任何给定时间可以获得多少水资源，并可能表明抵御干旱的适应能力。

脆弱性

按照 ICCD/COP (14) /CST/7 的定义，并参考 2016 年非正式政府间专家工作组有关减少灾害风险的指标和术语的报告 (A/71/644)，脆弱性是指“由物理、社会、经济和环境因素或过程决定的条件，增加了个体、社区、资产或系统受到干旱等灾害影响的敏感性。”因此，脆弱性是系统的固有属性，独立于外部灾害 (Vogt et al.，2018)，即相同的灾害水平可能因系统的不同基础脆弱性而造成不同的后果 (社区、个人、国家、地区)。反过来，社会行动 (如土地和水资源管理实践等) 可以改变对灾害和其影响的脆弱性 (King - Okumu et al.，2020)。

本指南考虑了脆弱性的三个要素，这符合联合国减灾署 (2004) 提出的框架：

- 社会脆弱性：与个人、社区和社会福祉水平有关。
- 经济脆弱性：高度依赖于个人、社区和国家的经济状况。
- 基础设施脆弱性：包括支持商品生产和生计可持续性所需的基础设施。

水资源短缺

在指定领域（国家、地区、流域等）中，由于需求增长率高于可用供应率，在现行机构安排（包括价格）和基础设施条件（FAO，2012；Reichhuber et al.，2019）下，淡水供需长期不平衡。相比其他地区，水资源匮乏的地区更容易受到干旱的影响。

引　言

《联合国防治荒漠化公约》（UNCCD）第十三次缔约方大会（COP13）通过了《联合国防治荒漠化公约 2018—2030 年战略框架》。大会第 7/COP.13 号决议对此做了阐述，同时还制定了战略目标 3（SO3）和两个相关的预期影响 3.1 和预期影响 3.2。

战略目标 3：通过减缓、适应和管理干旱影响，增强脆弱人口和生态系统抵御干旱的能力。

预期影响 3.1：通过可持续土地管理和水管理等实践，降低生态系统应对干旱的脆弱性

预期影响 3.2：增强社区抵御干旱的韧性

干旱是一种普遍存在的自然灾害，发生在所有气候带，会对经济、社会和环境造成重大影响。在全球范围内，干旱是造成经济损失最高的灾害之一［联合国粮食及农业组织（简称“粮农组织），2017；世界气象组织和全球水伙伴，2017］。干旱影响范围广且持续时间长。与其他灾害相比，干旱可能导致更大比例的人口受到影响（联合国国际减灾战略，2009）。此外，由于人类活动导致全球气候变暖，未来世界上许多地区都将遭受更严重的干旱灾害（IPCC，2012）。除人类活动导致气候变暖外，社会和人口结构变化也可能加剧未来的水资源短缺，导致对水的需求不断增长，加剧土地退化，增加资源开采，进而对环境造成压力（联合国教科文组织，2019；UVCCD 和粮农组织，2020）。

干旱风险描述了一个国家或地区受到干旱负面影响的可能性（IPCC，2014b）。可以通过综合评估干旱灾害、暴露程度和脆弱性这三项要素来

评估干旱风险。缔约方会议在第 11/COP. 14 号决议及 ICCD/COP（14）/CST/7 文件中概述了关于表征和监测干旱灾害、暴露程度及脆弱性的决议。掌握和了解面临干旱风险的人口和地区能够为制定更高效的减缓和适应灾害策略提供重要参考（图 1）。

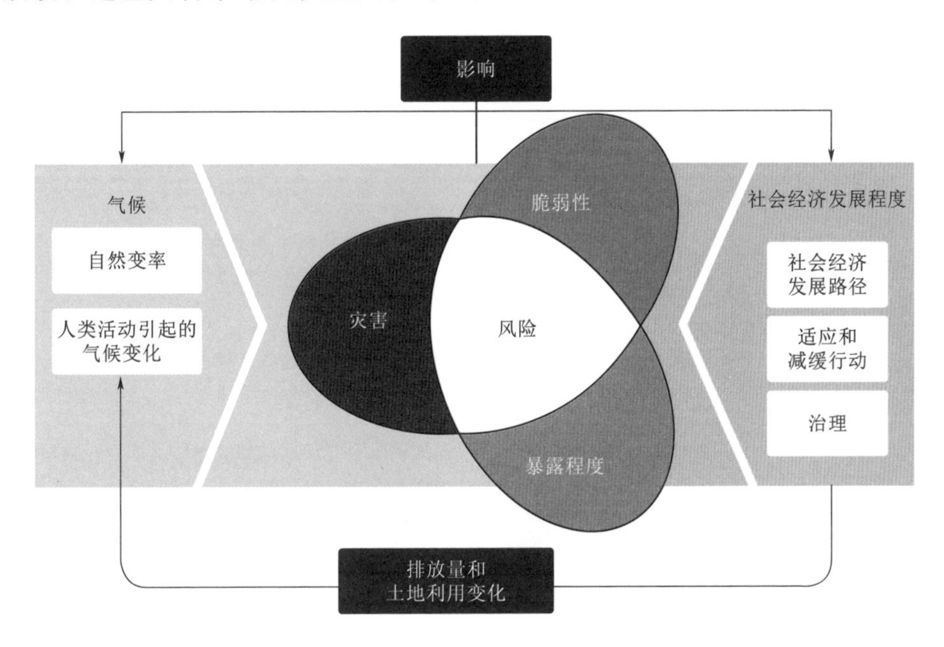

图 1　IPCC 风险框架（IPCC，2014a）

战略目标 3 监测指标

UNCDD 缔约方大会通过了第 11/COP. 14 号决议，采用一种分级方法来设定战略目标 3 的监测指标和监测框架。这一监测框架包括三项报告指标——干旱灾害、干旱暴露程度和受影响缔约方的干旱脆弱性。框架如表 1 所示。ICCD/COP（14）/CST/7 中详细说明了采用的指标和监测框架，以及相关的度量标准/指数。

根据第 11/COP. 14 号决议，缔约方要求 UNCDD 秘书处与联合国减灾办公室，世界气象组织及其全球多灾种预警系统框架合作，并与其他联合国机构[1]和其他相关专业机构进行协商，合作与协商内容包括：

[1] 包括联合国粮食及农业组织（FAO）、全球水合作伙伴关系（GWP）、综合干旱管理计划（IDMP）、政府间气候变化专门委员会（IPCC）和联合国人口基金（UNFPA）。

• 汇编与1级指标和2级指标相关的候选度量标准/指数的国家估算值，并将其以全球数据集的形式提供给受影响的缔约方，作为用于验证的默认数据。

• 编制实践范例指南，为受影响的缔约方提供关于汇编/验证和使用上述默认数据的能力建设和技术援助，并为它们提供评估干旱脆弱性的方法。

表1　第11/COP. 14号决议附录中所建议的干旱指标和监测框架

等　级	进展指标	候选度量标准/指数筛选依据①
1级干旱灾害指标	受旱土地占土地总面积的比例趋势	世界气象组织全球干旱指标②（干旱等级），每月进行监测并制图，对UNCCD报告期内的指标值进行汇总
2级干旱暴露程度指标	受干旱影响的人口比例趋势	根据1级指标确定的暴露于各个干旱等级的人口比例
3级综合干旱脆弱性指标	干旱脆弱性程度趋势	可能加剧干旱脆弱性的相关经济、社会、物理和环境因素构成的综合指数

① 针对候选度量标准/指数的说明仅为初步说明，这些指数将通过一个多边机制不断被完善，例如世界气象组织的全球多灾种预警系统框架。这样能确保在实践范例指南的支持下，提升合作开发方法和数据标准，并且能够确保国家对报告进程的掌控力。

② 现在被称为全球干旱分类系统。

需要特别注意的是，本指南仅用于预期目的，并不试图也不应提供或取代缔约方发布干旱官方声明（如干旱管理计划）涉及的指南或程序。

本指南的目的

从2022年UNCCD报告进程开始以及之后每四年，缔约方须根据国家和次国家级的条件和环境，单独或合并报告1级、2级和3级指标。

本指南就如何制定和解释第11/COP. 14号决议及其附录中列出的三项指标，提供了简要指导。本指南一方面兼顾了目前最先进的、经过验证和科学审核过的方法及数据的可用性，另一方面还充分考虑了方法和数据的相对简洁性与全球适用性。

三项指标如下：1级干旱灾害指标，2级干旱暴露程度指标，以及3级综合干旱脆弱性指标。缔约方应根据《联合国防治荒漠化公约2018—2030年战略框架》中规定的针对所有战略目标的报告要求，计算UNC-

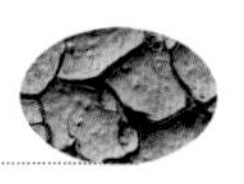

CD2000—2015 年基准期的三项指标值，并在未来报告进程中报告相应报告期内的指标值。基准期是报告进程的对比基准，可以促进缔约方了解他们的干旱灾害、暴露程度和脆弱性的发展趋势，进而支持战略目标 3 的监测。干旱事件具有周期性，而且在气候变率的影响下，相对较短的基准期内并不一定发生干旱事件。因此，对于 1 级和 2 级指标，在解释受旱土地面积所占比例和干旱暴露的人口比例的任何观测变化或趋势时，应保持谨慎。对于 3 级指标，可以通过与基准期数值对比来直接比较干旱脆弱性，评估脆弱性是否呈增加、降低或稳定不变的趋势。基准期被划分为多个四年间隔期，并对其中的数据进行汇总，对应于战略目标 3 监测的四年一次的报告期。

本指南的目标使用者是缔约方以及《联合国可持续发展目标 15.3.1：监测实践范例指南 2.0 版》所涉及的所有利益相关方。本指南力求确保方法的普适性，以便缔约方能选择针对三个指标的最合适的数据集，无论是默认的全球可用的开源数据集还是缔约方自有的等效的国家数据集。本指南尽可能基于国际公认的方法和标准，采用定期更新、维护且长期可用的数据集。考虑到各国国情和能力的差异，各国可根据其数据可用性和能力对本指南中推荐的监测方法进行调整。本指南推荐了可用的全球数据集和指数，还提供了关于何时更适合用其他国内数据集和指数取代这些数据集和指数的指导。

本指南提供了关于定义和概念、计算方法、数据来源和收集、逻辑依据、解释说明和局限性的详细信息，将为改进国家报告工具（如模板、手册、词汇表和决策支持工具）提供依据。本指南还将有助于增强各国监测和报告战略目标 3 的能力。

本指南中使用的方法、过程和数据概述

本指南支持对实现《联合国防治荒漠化公约 2018—2030 年战略框架》战略目标 3 取得的成果，以及在降低生态系统干旱脆弱性和增强社区抵御干旱的韧性等方面取得的进展进行报告。本指南以 ICCD/COP（14）/CST/7 文件中关于干旱灾害、暴露程度和脆弱性指标与方法的指南为基础，并在此基础上加以改进。因此，本指南提供的相关方法可以协助缔约方利用当前可用数据和既定方法，执行 2022 年 UNCCD 报告进程。同

时，本指南认为，仍需进一步提升方法和数据的科学性，以确保所有缔约方能实现定期监测和统一评估干旱灾害、暴露程度及脆弱性，以促进实现战略目标 3。

本指南建议的支持性数据集和度量标准以全球覆盖面和易得性为标准进行筛选。缔约方可采用自有数据集和度量标准来推导用于战略目标 3 监测的指标。此外，本指南就在何种情况下更适合使用此类自有数据集来替代推荐的全球可用的数据集提供了指导性意见。

缔约方会议第 11/COP. 14 号决议的附录中列明了用于设定战略目标 3 监测的分级干旱指标和监测框架的六项标准（参阅方框 2）。表 2 摘自 ICCD/COP（14）/CST/7，对三项指标以及它们是否符合上述六项标准中的五项标准进行了说明。需要注意的是，由于第一项标准“指标集层次结构和逻辑”是在第 11/COP. 14 号决议中提出的，因此本指南仅采用其他五项标准来评估三项指标。为确保满足这些标准，建议采用本指南中涉及的方法、数据和指标，且本指南已根据图 2 所示的评级方法对三项指标进行了评估。

方框 2　用于设定第 11/COP. 14 号决议及其附录中所列的战略目标 3 的监测指标和监测框架的标准

（a）指标集层次结构和逻辑。遵循 UNCCD 指标级层次结构，便于区分衡量的内容（进展指标）以及衡量方法（候选度量标准/指数）。

Ⅰ. 战略目标

a. 进展指标

i. 度量标准/指数

（b）指标对战略目标的敏感性，就本指南而言，重点侧重于干旱如何影响脆弱人群和生态系统抵御未来干旱的韧性。

（c）各国报告的关于指标候选度量标准/指数数据的可比性/统一性，充分考虑基础数据、方法和在指南中制定与实施国际标准有关的问题。

（d）指标的候选度量标准/指数用于实际应用的预备程度，基于指标的适用性以及为确保指标有效利用可能需要克服的挑战，包括：①确定指标的候选度量标准/指数的全球覆盖面，以计算国家估算值，并将估算值以全球数据集的形式提供给受影响的缔约方，作为默认数据；②在国

家层面建立所有权的能力，使各国能够遵循标准化指南来开发指标数据，帮助他们验证、替换或不使用默认数据。

（e）按社会性别分列的潜力，或者在收集、分析和报告指标数据时充分考虑社会性别因素的能力，目的是确保在女性和男性成果分配时，对他们的贡献差异进行评估。

（f）适应性。建议定期对干旱监测框架和指标进行重新评估，以保证：①随着监测和评估工作日趋成熟，适应性得到相应提升；②在决策中的有效性，尤其考虑到需求发生变化、科学工具得到改进的情况下。

本指南是战略目标 3 监测实践范例指南的初始版本，就 2 级和 3 级指标而言，本指南侧重于人口的暴露程度和脆弱性。对应于第 11/COP. 14 号决议，本指南未涵盖生态系统对干旱的暴露程度；之后的版本将视情况，根据缔约方大会的决议纳入并考虑生态系统暴露程度。本指南也未涉及生态系统脆弱性评估。到目前为止（截至本指南外文原版出版时间 2021 年——译者注），本指南中提出的方法仅扩展到包含农业系统的生态要素（Meza et al.，2020），本指南中推荐的方法已在全球范围内得到应用和验证是非常重要的。因此，附录 A 中将进一步讨论纳入生态系统要素的重要性，以确保达到第 11/COP. 14 号决议中商定的战略目标 3 监测框架要求。

尽管第 11/COP. 14 号决议及其附录，以及 ICCD/COP（14）/CST/7 的措辞说明了将按社会性别分列纳入战略目标 3 监测标准的必要性，但考虑到生理性别（区分男性和女性的生理与生物学特征）和社会性别（与作为男性和女性相关联的社会属性与机会）之间的差异，本指南建议采用“按生理性别分列的潜力”作为标准。

本指南根据“敏感性”“可比性”“预备程度”“按生理性别分列的潜力”“适应性”这五项标准对战略目标 3 的三项指标进行了定性评估，并对其进行评级（由低至高），如图 2 所示。如果某一指标目前在这些标准方面的评级较低，则希望能在未来加以改进，如在附录 A 中讨论的通过开展进一步深入研究，提高数据可用性，纳入生态系统要素。

如表 2 和图 2 所示，1 级指标在“可比性”“预备程度”“适应性”方面的评级为高，但在目前情况下，在对战略目标 3 监测的“敏感性”方面的评级较低。正如在附录 A 中讨论的，如果在未来纳入监测水文和农业干旱的干旱指数，1 级指标的“敏感性”将得到改善。ICCD/COP

(14) /CST/7 指出，1级指标在“按生理性别分列的潜力”方面的评级为低，但在本指南中，由于1级指标涉及的是干旱灾害的实际发生率（并不包含人口统计要素），因此在这一方面并未对它进行评级（图2）；这一点将保持不变。

表2　　UNCCD战略目标3监测指标和框架体系

等　级	进　展　指　标
1级-单一干旱灾害指标	1级指标是一项采用通用计算方法且易于使用的全球干旱指标[1]，大多数国家都能定期生成计算这一指标所需要的数据。可以在一个符合国际标准的共同框架下对这些数据进行整合，并通过现有多边机制来收集、分析和报告数据。理想情况下，在制定1级指标的候选度量标准/指数时，各国气象和水文部门需持续开展合作，以确保各方在充分考虑各国国情的前提下，共同推动标准化。由此得出的指标在“预备程度”和“可比性”方面的评级较高，但在“敏感性”和“按生理性别分列的潜力”方面的评级较低
2级-单一干旱暴露程度指标	2级指标可将1级单一干旱灾害指标与采用通用计算方法且易于上手的干旱暴露程度指标（如暴露于干旱的人口）关联起来。可以在为1级指标确定的多边机制中开发2级指标的基础候选度量标准/指数。如此一来，与1级指标相比，2级指标的“敏感性”评级将有所改进，但在“预备程度”“可比性”和“按生理性别分列的潜力”方面的改进有限，甚至毫无改进
3级-综合干旱脆弱性指标	3级指标以1级和2级指标为基础，能够更直接、更全面地衡量战略目标，即减缓、适应和管理干旱的影响，以增强脆弱人口和生态系统的韧性。在本指南中，脆弱性是指由物理、社会、经济和环境因素或过程决定的条件，这些因素可能导致个人、社区、资产或系统更容易受到干旱等灾害的影响。评估干旱脆弱性对于确定导致干旱影响的根本原因至关重要，因而也对制定适当应对政策至关重要。然而，没有任何一项单一度量标准或指数能够充分体现干旱脆弱性的复杂性，所以3级指标须整合可能加剧社区和系统干旱脆弱性的物理、社会、经济和环境因素。最好是能够收集各国和国家以下各级的相关数据，联合在1级和2级指标确定的多边机制来探索3级指标。3级指标在“敏感性”方面的评级最高，并且在“按生理性别分列的潜力”方面的能力最强。然而，考虑到这一方法的复杂性及其对数据和方法的高要求，目前3级指标在“预备程度”标准项下的国家所有权方面的评级较低。此外，所需数据集可用性存在的差异将影响国家之间的“可比性”。如果采用多边推进方式，设定一个侧重于候选度量标准/指数和方法论的协调/标准化过程可以协助解决这些问题

注： 本表方法直接摘自ICCD/COP（14）/CST/7的分级方法，用于为UNCCD战略目标3设定指标和监测框架。各国可根据其国情和能力选用这一框架中的最合适的一项或多项指标。

---

[1] 这个“全球干旱指标”现在已被重新命名为全球干旱分类系统，并在1.2.4节中进一步讨论。

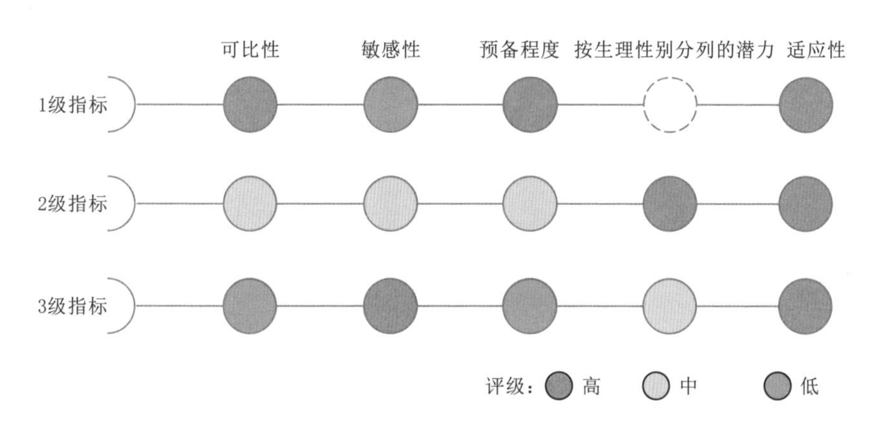

图2　战略目标3的三项指标的当前评级

与1级指标相比，2级指标在对战略目标3监测的“敏感性”方面有所改进，但是，在考虑全面暴露程度评估（包括生态系统暴露程度等补充要素）的前提下，2级指标在“预备程度”和“可比性”方面的改进有限，甚至毫无改进（图2）。ICCD/COP（14）/CST/7指出，2级指标在“按生理性别分列的潜力”方面的改进有限。然而，本指南的评估方法对2级指标做了调整，建议统计指标由“社会性别”改为“生理性别”，从而促进了2级指标在这方面的改进，因此本指南中2级指标的评级为“高”。

根据ICCD/COP（14）/CST/7，3级指标在“敏感性”和“按生理性别分列的潜力”方面的评级为高。但考虑到在第3章中讲到的3级指标的脆弱性评估采用的是分级评估方法，因此，在本指南中，3级指标在“按生理性别分列的潜力”方面的评级为“中等”（图2）。由于用于计算干旱脆弱性指数（DVI）的数据集的可用性存在差异，3级指标在“预备程度”方面的评级较低。本指南推荐的分级方法提供了一个评估框架，可以协助缔约方在数据有限的情况下开展脆弱性评估。

本指南的结构

本指南分为三个章节，分别对应于战略目标3监测的三项指标（1级、2级和3级指标）。本指南解释了用于推导各项指标的方法，建议采用的全球数据集，以及就何时更适合使用国内数据集提供了指导。后续就如何分析结果提供了指导，并讨论了所采用方法的局限性。

1级指标是使用网格化标准化降水指数（SPI）数据计算的，并报告每个报告年处于各个干旱强度等级的土地总面积。2级指标的推导基于1级指标的计算输出，用以评估暴露于各个干旱强度等级的人口数量。最后，3级指标在一个分层框架内使用干旱脆弱性指数（DVI）来监测干旱脆弱性程度的发展趋势，各国可以根据数据可用性和报告能力选择合适层级。

在首次向UNCCD报告这三项指标中的任何一项指标时，还应报告基准期的指标值（以及后续所有报告期的指标值）。本指南相关章节提供了针对各项指标的报告指南。

附录A讨论了未来如何提升战略目标3监测的三项指标的可比性、敏感性、预备程度、按生理性别分列的潜力以及适应性。

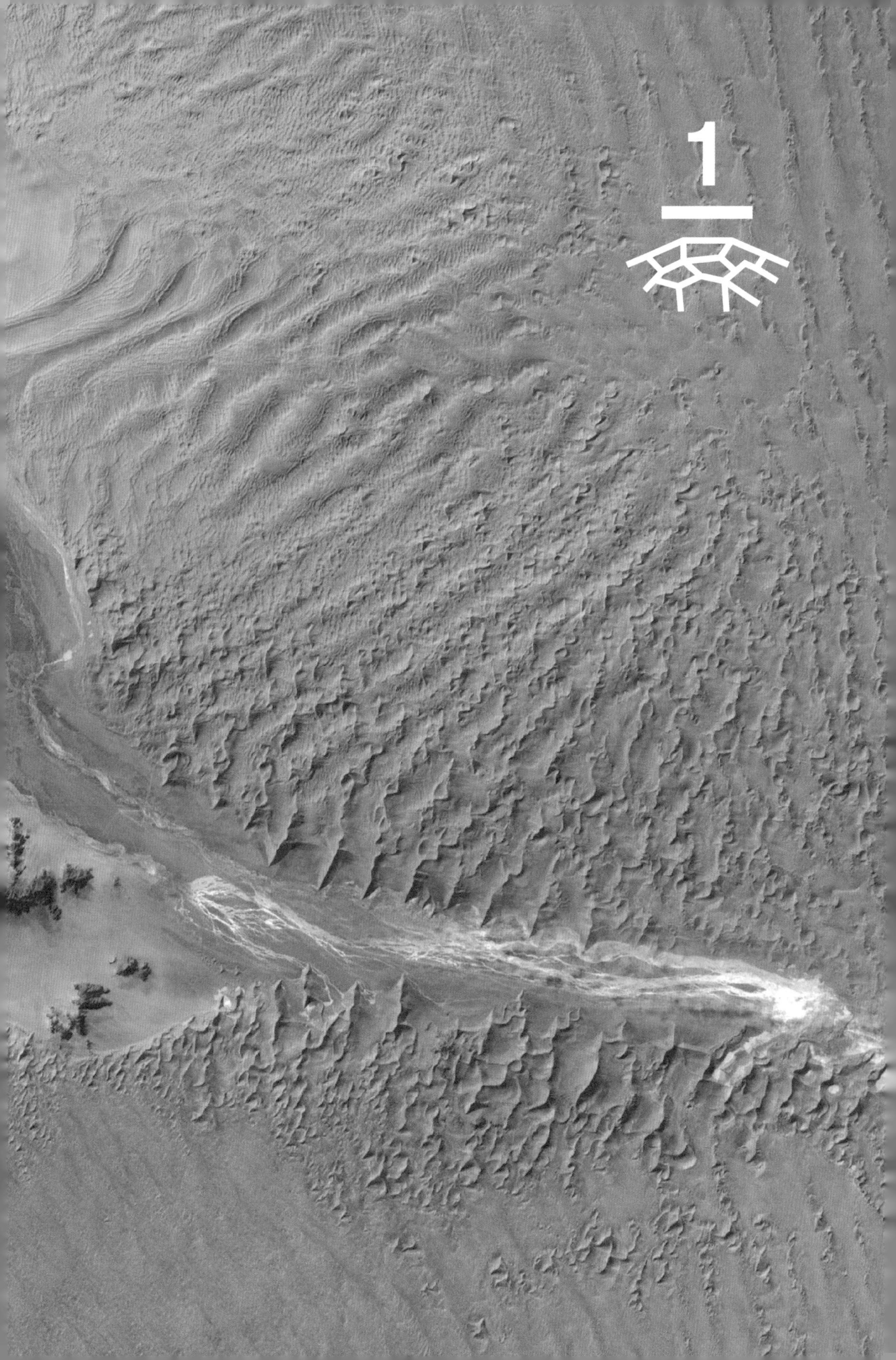
1

第1章 1级指标 受旱土地占土地总面积的比例趋势

本章描述了1级指标——受旱土地占土地总面积的比例趋势的专业术语、概念、方法、数据来源、基本原理与说明、评价与局限性。第11/COP.14号决议及其附录也对此作了阐述。

1.1 概述

干旱是所有气候带都会发生的一种灾害，通常指一段引起严重缺水的持续干燥天气（世界气象组织，1992）。本指南中的1级指标具体描述了一个国家在报告期内发生的气象干旱灾害状况。附录A阐述了干旱涉及的其他相关内容以及全球范围监测干旱的相关要求。

本指南推荐了一个全球公认的干旱指数：标准化降水指数(SPI)（Hayes et al.，2011），利用全球可用的数据集来表征气象干旱灾害，但需要说明的是，某些情况下国内数据集（如国家气象水文服务机构的数据集）可提供更高的空间分辨率、更长的数据记录以及获得各方更高的接受度。

通过气象干旱强度等级划分（轻度、中度、重度和极端干旱）确定不同受旱（或受干旱影响）程度的土地面积比例，识别出哪些地区是极端干旱高发区，以便分别采用2级和3级指标对干旱暴露度和脆弱性进行评估，从而明确出需要优先开展旱情缓解工作的区域。为此，向UNCCD报告的1级指标总结了每种干旱强度等级对应的土地面积占比。

值得注意的是，1级指标报告的是在四年报告期内土地是否受到干旱影响。在报告期内，可能不会发生1级指标所定义的干旱情况。这意味着处于干旱状态的土地面积比例将为0%。关于1级指标的更多解释及其局限性，可以在后续章节中找到。

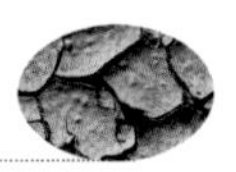

1级指标是一种状态指标，显示报告期内是否发生了轻度、中度、重度或极端干旱。报告的干旱土地占土地总面积的比例是气候变率的函数，因此其状态取决于报告期内是否发生干旱。此外，附录A中讨论了可用于表征其他干旱类型的1级指标。

1.2　方法

鉴于标准化降水指数（SPI）已被世界气象组织（WMO）采纳用于气象干旱监测，我们建议将标准化降水指数作为1级指标计算的基础（Hayes et al.，2011）。然而，这种方法在干旱地区存在一定局限性（后续将在1.5节详细讨论），在干旱地区更适合采用其他的干旱指数[如标准化降水蒸散发指数（SPEI）]进行评估。

我们还认识到，缔约方及其国家气象和水文部门可能已经在使用干旱指数来开展干旱监测工作，并且这些指数可能不同于本指南推荐的战略目标3监测指标SPI-12。在这种情况下，目前用于旱情监测的其他指数及相关监测活动应该被用于支持战略目标3的1级指标监测。1.2.4节中将讨论除SPI之外的其他干旱指数应用情况。

1级指标的计算分为以下三个步骤：

（1）基于每个栅格12个月的累计降水量计算SPI-12。

（2）根据SPI数值，识别每个栅格单元的干旱强度等级。

（3）计算对应于不同干旱强度等级的土地比例。

首次向UNCCD报告1级指标时，还应计算基准期（2000—2015年）和对应以往报告期的1级指标值。1.2.6节提供了关于计算基准期1级指标的指导。

1.2.1　步骤1：计算SPI

步骤1的数据输入与输出	
输入	栅格降水数据
输出	全降水期网格SPI数值

基于栅格降水量使用SPI-12计算逐月SPI数值，从而展示年际降水和缺水情况。关于SPI-12计算方法的基本原理和局限性会在1.4.1节和1.5节中进一步讨论，建议的降水数据来源和数据要求会在1.3节中讨论。

为报告战略目标3的1级指标监测情况，我们采用了世界气象组织推荐的SPI推导计算方法（世界气象组织，2012），此外，关于参考期的使用，我们在方框3中另做了描述。

关于参考期的使用虽然未在世界气象组织标准化降水指数用户使用指南（世界气象组织，2012）中说明，但保证每个报告期（四年）的降水数据基于相同的“参考周期或标准气候计算周期”进行标准化十分重要，这样可以确保报告期之间的数据以及不同时间和空间的数据具有可比性。目前世界气象组织采用的标准气候计算周期是1981—2010年（世界气象组织，2017）。当然，如果后续标准气候计算周期得到更新（如2019年世界气象组织建议2020年以后采用1991—2020年为标准气候计算周期——译者注），建议重新计算基准期（见1.2.6节）和所有历史报告期的标准化降水指数。此外，我们建议在向UNCCD提交的1级指标国家报告中明确说明标准化降水指数的参考期。

在计算报告期标准化降水指数之前，应基于获取的全部参考期逐月数据计算参考期标准化降水指数，参考期年限最好至少达到30年（世界气象组织，2012）。

基于方框3中提到的程序计算逐月SPI-12栅格数据集，从而实现对时间序列中的任一日历月数据的空间映射。

方框4中以英国的一个区域为示例，在第1章和第2章详细说明用于战略目标3监测的1级和2级指标计算方法。图3展示了基于英国示例区四年数据（对应报告期长度）计算的12月的SPI-12网格数据分布。

方框3　战略目标3的1级指标SPI推导过程

1	采用缔约方选定时段逐月降水数据系列网格数据（应满足1.3.1节相关要求），对全国全部国土面积的每个网格单元计算12个月累计降水量。 比如，2019年12月的12个月累计降水量是2019年1月至2019年12月的月降水量之和，而2019年4月的12个月累计降水量是2018年5月至2019年4月的月降水量之和，即每个月对应的12个月累计降水量由前12个月降水量确定。值得注意的是，连续月份数据中缺失一个或多个月份数据会导致累加值的数值缺失，关于缺失数据的更多信息，参见1.3.1.2节
2	以世界气象组织规定的气候标准正常期（1981年1月1日至2010年12月31日）作为参考期，对每个网格单元1980—2010年12个月累计降水量拟合Gamma分布函数值

续方框

3	将参考期（1981—2010年）的Gamma分布函数应用于全时间序列的每个网格单元的逐月12个月累计降水量
4	通过正态标准转换，生成记录期内每个网格单元的逐月SPI-12时间序列值

方框4 1.2节和2.2节中示例区域1级指标和2级指标产出图

1.2节和2.2节中，采用英国某区域SPI数据（Tanguy et al.，2017）说明1级指标和2级指标计算步骤，1级指标参见图3～图7，2级指标参见图10～图12。

示例区域旨在说明缔约方1级指标和2级指标计算过程。SPI栅格数据空间分辨率为5km，每个网格单元的面积为25km²。1级指标的计算已考虑该空间信息。

示例区域的总陆地面积为3.6万km²，共包含1440个分辨率为5km的网格单元

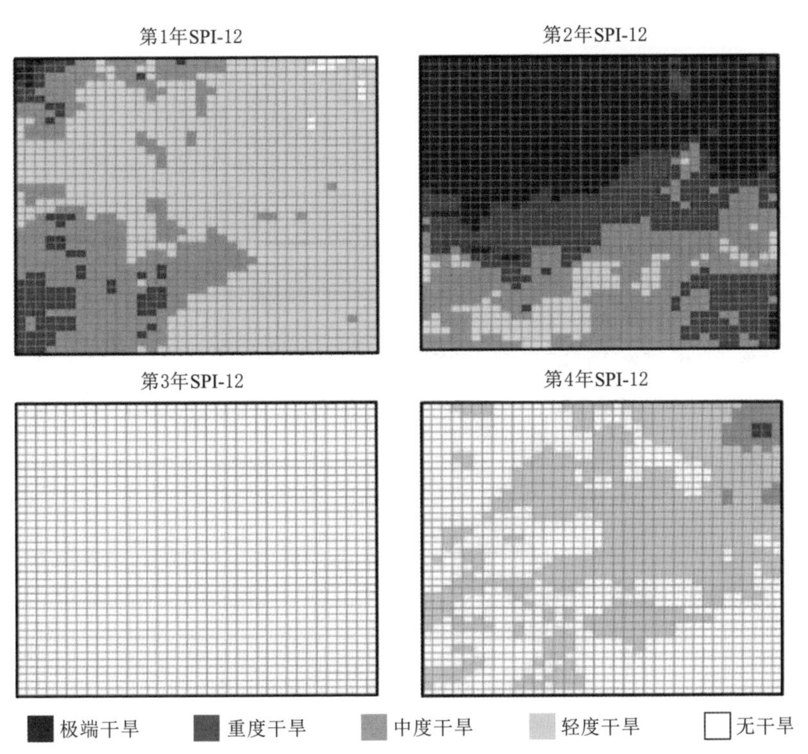

图3 基于方框4中示例计算的12月的SPI-12网格数据分布图

注：第3年整个示例区域被划定为不受干旱影响。

SPI默认值将通过Trends提供，用于战略目标3监测。目前已有各种开放获取工具可用于推导SPI，见表3。

表3　可获取的SPI计算工具列表

应用程序	备　注	参考文献
SPI程序	Windows GUI，设计用于计算基于测站数据的SPI（如一些有限的测站数据）	
基于R的SCI数据包	通过Windows/Linux上的R编程访问网格或站点数据	Gudmundsson和Stagge（2016）
基于R的SPEI数据包	通过Windows/Linux上的R编程访问网格或站点数据	Beguería和Vicente-Serrano（2017）
基于Python的气象与干旱指标（SPI、SPEI、PET）	通过Python代码编程计算NetCDF格式的SPI网格值	

注：本表并未列举所有SPI计算工具。

1.2.2　步骤2：根据SPI计算值确定每个网格单元的干旱强度等级

当计算出每个网格单元逐月SPI值后，可以对报告期的时间序列进行评估。在这一步中，将生成干旱强度等级的空间分布数据以及对应不同干旱强度等级的网格单元汇总数据。

采用步骤1中输出的网格SPI数据，提取四年报告期每年12月的SPI-12值（即四套SPI-12网格值）。12月SPI-12值可以显示出一个日历年（1—12月）的降水亏缺量或余量。

对于四套SPI-12网格值，应统计每个SPI干旱强度等级对应的网格单元数。SPI数值及对应的干旱强度等级见表4。请注意，该分类将在本指南后续版本中进行审查，并将与全球干旱分类系统保持一致。四套SPI-12网格数据还可保存，以便用于2级指标计算，具体参见第2章。

对于每个 12 月 SPI－12 值，应选择 SPI 值处于“轻度干旱”等级的网格（图 4），并记录所选网格单元数量。对于其余三个干旱强度等级，以此类推，见表 5。对应 1 级干旱指标要求，统计中应忽略 SPI 值为正的网格，因为 SPI 值为正表明所在网格在指定时间段内较一般情况属于潮湿期，即该网格在该时段内没有出现 SPI－12 定义的干旱事件。

表 4　　步骤 2 的数据输入与输出和 SPI 值与干旱强度等级对照表

步骤 2 的数据输入与输出	
输入	步骤 1 中提取的 SPI 网格数据
输出	（1）4 个报告年 12 月 SPI－12 网格值（用作 2 级指标的输入数据）
	（2）每个报告年不同干旱强度等级对应的网格单元数
SPI 值	干旱强度等级
0～－0.99	轻度干旱
－1.0～－1.49	中度干旱
－1.5～－1.99	重度干旱
<－2	极端干旱

注： SPI 值大于 0 表示指定时段较一般情况更为潮湿，没有干旱发生。本表数据来源于世界气象组织（2012）。

表 5　　示例区域每个 SPI 干旱强度等级对应的网格数

报告年	轻度干旱	中度干旱	重度干旱	极端干旱	受旱网格单元数
第 1 年	973	350	97	7	1427
第 2 年	122	355	338	625	1440
第 3 年	0	0	0	0	0
第 4 年	612	37	4	0	653

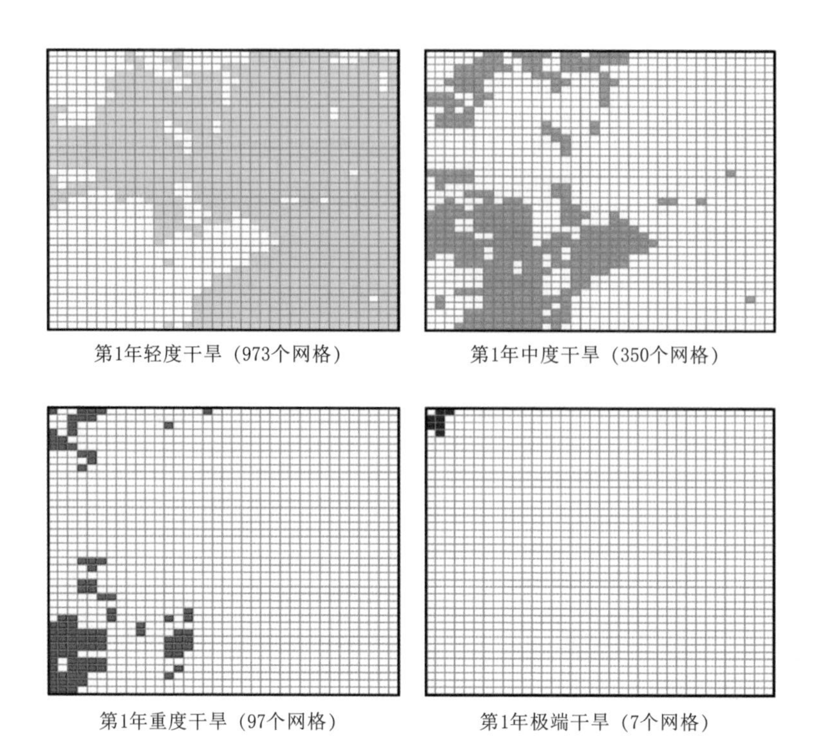

图4　表5示例区域第1年各干旱强度等级对应的网格单元数示意图

1.2.3　步骤3：计算受旱土地面积比例

计算每个干旱强度等级下的土地比例，即1级指标。

对各报告年，计算各干旱强度等级土地面积占总土地面积的百分比。利用上一步输出的每个干旱强度等级对应的网格单元数，除以网格单元总数（即目标区域边界内所有土地网格单元数），再乘以100%，即可得到给定干旱强度等级对应的土地百分比，示例区域结果见表6。

步骤3的数据输入与输出

输入	a）各报告年各干旱强度等级对应的网格单元数
	b）目标区域边界内土地网格单元总数
输出	1级指标值：每个干旱强度等级对应的土地比例

表 6　基于表 5 示例中第 1 年各干旱强度等级对应的网格单元数与土地面积比例的转换情况表

项　目	轻度干旱	中度干旱	重度干旱	极端干旱	总数
所有受旱网格单元数	973	350	97	7	1427
受旱面积占比/%	67.6	24.3	6.7	0.5	99.1

注：示例区域共有 1440 个网格单元，对于报告期其余 3 年重复上述步骤即可。

1.2.4　其他干旱指数的使用

如果缔约方及其国家气象和水文部门可能已经在使用其他不同于本指南推荐的干旱指标 SPI－12 进行干旱监测，这些已经开展的活动可能并且应该被战略目标 3 中 1 级指标报告采用。

为了能够使用其他干旱监测指数和监测工具，要求它们的输出也应该基于网格降水产品（通过测站、遥感监测或两者混合生成），便于对比得到报告期间受旱土地的比例。或者，缔约方可以使用降水等其他变量指标来量化气象干旱，在实践中如何实现这一点取决于所采用的指标。有些指数很容易进行比较，如缔约方可以采用本指南中推荐的方法利用标准化降水蒸散发指数（SPEI）来实现战略目标 3 中 1 级指标的报告。对于其他指数，如帕默尔干旱指数（PDSI）、归一化植被指数（NDVI）

或干旱侦测指数[1]，最好可以将干旱严重程度进行统计分类，分类方法可参考表 4 中描述的 SPI 干旱强度等级。

世界气象组织基于全球多灾种预警系统（GMAS）框架开发的全球干旱分类系统（GDCS，前身为全球干旱指标 GDI），提供了一种将各类干旱指数转化为统一标准的干旱等级［标记为 D0－D4；SERCOM－1（Ⅱ）/Doc5.1.1］［SERCOM-1（Ⅱ）/Doc 5.1.1 为世界气象组织天气、气候、水和有关环境服务与应用委员会第一次会议第二部分报告 5.1.1 节］的方法。世界气象组织建议，干旱指标应以统计为基础，以便更容易将其纳入全球干旱分类系统；有关全球干旱分类系统的更多详细信息参见 1.4.1 节。《干旱综合管理计划（IDMP）干旱指标和指数手册》（世界气象组织和全球水伙伴，2016）一书提供了 50 多个干旱指数及更多相关信息、参考文献和源代码。

1.2.5 为报告期旱情创建网格空间摘要

除上述 1 级指标的表格式报告外，还应对 1 级指标进行空间汇总，从而反映报告期出现的最极端情况。

要在空间上总结报告期 1 级指标情况，应在报告期内为每个报告年的每个网格单元确定最极端干旱强度等级。如果一个网格 SPI 值为正，那么该网格报告期内未处于干旱状态，则将其标记为“无干旱”。表 7 显示了单个网格 SPI-12 值及报告期干旱强度等级，图 5 显示了报告期网格示例。如 2.2.3 节所述，报告期的 1 级指标网格化空间摘要将作为 2 级指标网格化空间摘要的输入。

表 7　　单个网格 SPI-12 值及报告期干旱强度等级

报告年	SPI-12	每个报告年干旱强度等级	报告期干旱强度等级
第 1 年	1.872	无干旱	中度干旱
第 2 年	－0.345	轻度干旱	
第 3 年	1.700	无干旱	
第 4 年	－1.506	中度干旱	

注：报告期干旱强度等级以受旱最严重年份的干旱程度来代表。

[1] 众所周知，在实际使用中有许多干旱指数（Lloyd-Hughes，2014），其他可能正在使用的干旱指数在这里没有列出。《干旱指标和指数手册》（世界气象组织和全球水伙伴关系，2016）列出并描述了 50 多个常用的干旱指数。

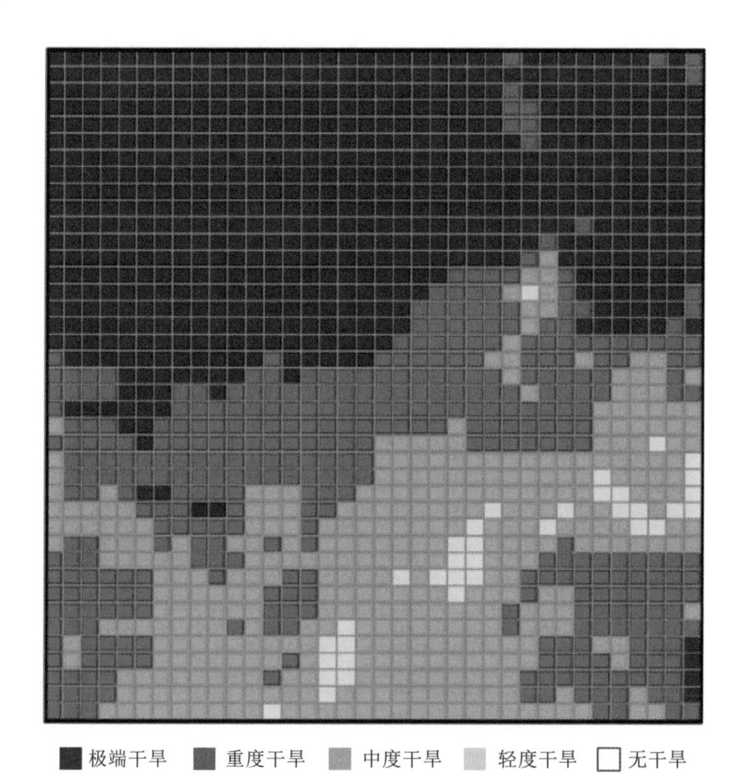

图 5　示例区域报告期各网格最极端干旱强度等级概要图（基于图 4 中 SPI 数值）

1.2.6　基准期 1 级指标计算流程

本节描述如何根据 2018—2030 年战略框架中所有战略目标的报告要求，计算公约基准期（2000—2015 年）的 1 级指标。计算这一时期的 1 级指标可为缔约方了解其长期干旱灾害情况提供背景资料，便于监测战略目标 3 以及其他战略目标。1 级指标的基准期应作为这一时期干旱危害状况的记录。干旱是一种周期性事件，气候的变化性意味着在基准期或报告期可能发生或者不发生干旱。为了真正了解干旱灾害的发展趋势，应该使用更长时期的 SPI 数据。因此，为避免低估干旱灾害，应谨慎分析较短时间框架内观测到的受旱土地占土地总面积的比例趋势。

1 级指标基准期数值应在首次向 UNCCD 提交国家报告时计算得到。

在某些情况下，基准期（以及任何以前的报告期）可能需要重新计算：

• 如果世界气象组织更新了关于标准气候正常期，则应使用该新标准作为

参考期重新计算SPI，并为后续报告期重新计算基准期1级指标。

• 如果用于计算SPI的新的或改进的降水数据集可用，则应使用新数据集重新计算基准期和后续报告期。

• 如果用于战略目标3监测的1级指标计算或报告方法在未来发生变化，例如引入了全球干旱分类系统，详见1.2.4节和1.4.1节。

为了计算基准期1级指标，应按照1.2.1节的方法计算基准期（比如2000—2015年）每年12月的SPI－12值。示例区域2000—2015年每年12月的SPI－12网格分布图如图6所示。

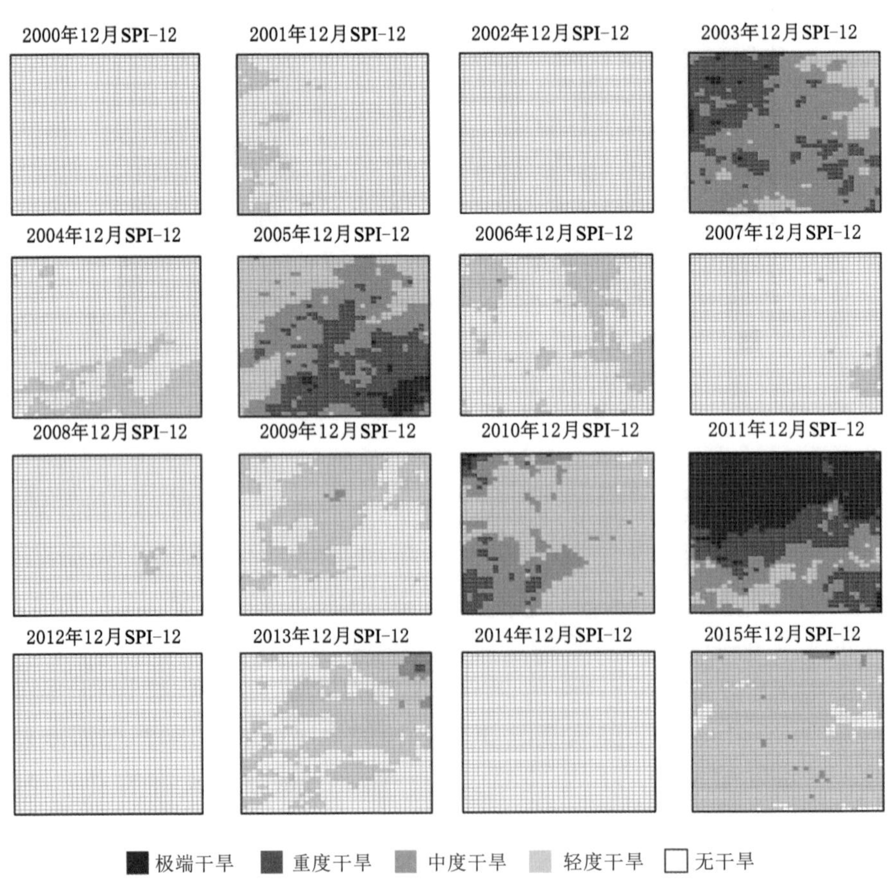

图6　示例区域2000—2015年每年12月SPI－12网格分布图

对于基准期的每一年，每个干旱强度等级覆盖的网格单元数应按照1.2.2节所述方法进行计算。基准期所有年份的每个干旱强度等级对应的

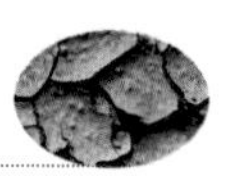

土地比例应如 1.2.3 节所述进行报告，并如表 6 示例所示制成表格。如果一个网格单元 SPI 值为正，意味着四年期间从未发生干旱，则将其标记为“无干旱”。

除了以表格形式报告 1 级指标外，基准期内应使用网格单元 SPI－12 数据在空间尺度进行概化，时间尺度是每四年为一间隔（即 2000—2003 年、2004—2007 年、2008—2011 年和 2012—2015 年），从而反映战略目标 3 的监测情况。为了在空间上概化基准期 1 级指标，应统计报告基准期每个四年期各网格单元最极端干旱强度等级。表 8 显示了某一网格单元 SPI－12 值及对应的干旱强度等级，图 7 显示了示例区域基于图 6 展示 SPI 值的摘要图。如 2.2.4 节所述，基准期 1 级指标网格化空间摘要也用于基准期 2 级指标的网格化空间摘要。

表 8　2000—2015 年示例网格单元 SPI－12 数值

四年基准期	时间	SPI－12 数值	干旱强度等级	最极端干旱强度等级
1	2000 年 12 月 2001 年 12 月 2002 年 12 月 2003 年 12 月	1.872 0.345 1.700 −2.006	无干旱 无干旱 无干旱 **极端干旱**	极端干旱
2	2004 年 12 月 2005 年 12 月 2006 年 12 月 2007 年 12 月	−0.333 −1.526 0.045 1.470	轻度干旱 **重度干旱** 无干旱 无干旱	重度干旱
3	2008 年 12 月 2009 年 12 月 2010 年 12 月 2011 年 12 月	1.158 −0.080 −1.251 −1.313	无干旱 轻度干旱 **中度干旱** **中度干旱**	中度干旱
4	2012 年 12 月 2013 年 12 月 2014 年 12 月 2015 年 12 月	2.035 0.069 1.763 0.638	无干旱 无干旱 无干旱 无干旱	无干旱

注：每个周期内出现的最极端干旱强度等级被加粗并代表该周期干旱级别。

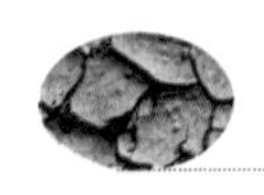

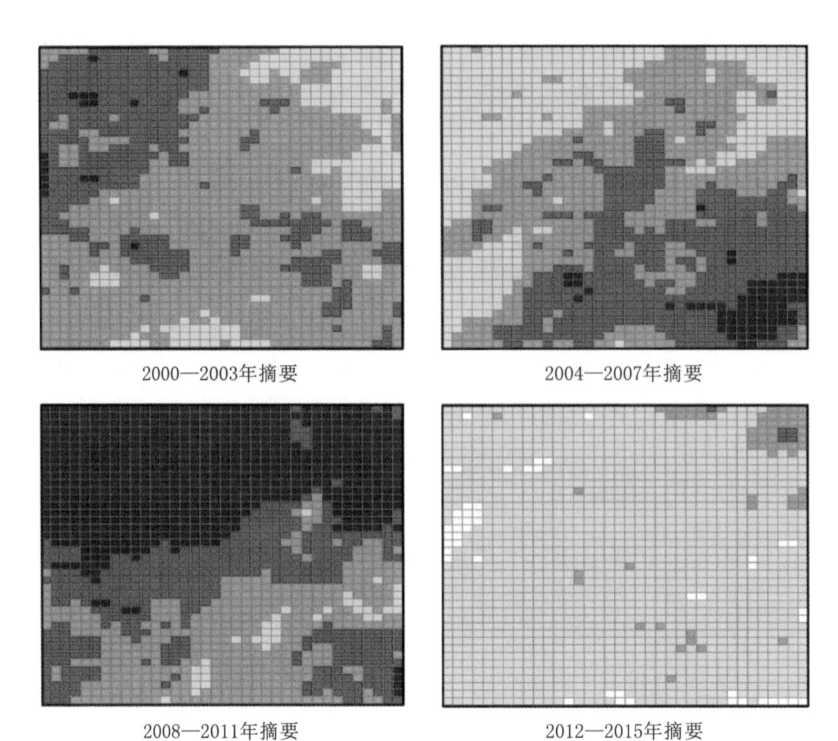

图7　四年基准期1级指标摘要图（展示该周期内各网格单元最极端干旱强度等级）

1.3　数据来源

本节描述了计算1级指标所需的数据，包括计算SPI所需数据（1.3.1节）、全球降水数据产品（1.3.2节），以及相较全球降水数据，何时更适合使用国内降水数据（1.3.3节）。

1.3.1　降水数据要求

对用于计算1级指标SPI的降水数据，在数据记录周期和数据完整性方面有一定的要求，如下所述。

1.3.1.1　数据记录期限

计算SPI需要用到逐月降水数据集，理想情况下应该有至少30年的连续记录（世界气象组织，2012）。记录序列长度应覆盖世界气象组织在《气候平均值计算指南》一书中描述的计算标准气候平均值所需时段（如

1981—2010年）（世界气象组织，2017），以便在尽可能多的气候变率范围内取样。

1.3.1.2　数据完整性

数据在一般情况下应该保证连续，因为缺失的值会影响输出指数的可信度。然而，实际情况是很多数据记录的完整性可能低于90%，以及使用本国数据集时，缔约方可能能使用的数据集完整性仅为75%～85%（世界气象组织，2012）。在数据完整性低于85%的情况下，缔约方可以考虑遵循世界气象组织的方法来插补数据中的缺失值（世界气象组织，2018）。

1.3.2　推荐的全球降水数据集

现存的许多全球网格降水数据集（Sun et al.，2018）一般是基于测站数据、卫星遥感数据或上述来源信息组合生成。人们发现，降水数据的选择会影响干旱监测实施，因为干旱指数可能受降水产品检索技术、合并方法、记录周期和空间分辨率等因素的影响而改变（Golian et al.，2019）。因此，并非所有降水数据集都适用于监测战略指标3的1级指标；Pricope et al.（2020）对全球降水产品及其对战略指标3的1级指标监测的适用性进行了详细论述。

本节讨论了两个基于观测数据的全球网格降水数据集，其中一个基于测站数据生成，另一个则基于测站和遥感混合数据生成，更多细节详见下文。表9展示了两个推荐的数据源：GPCC监测产品v6（GPCC v6）和气候灾害组红外降水与站点数据2.0版（CHIRPS 2.0）。此外，1.3.2.3节讨论了GPCC或CHIRPS 2.0不适用的情况下，如何使用再分析系统生成的降水数据（图8）。

考虑到计算SPI时需要采用1981—2010年气候标准期降水数据，CHIRPS 2.0具有较高的空间分辨率和较长的记录周期等有利条件。此外，对于雨量站分布密度较低的地区，CHIRPS 2.0也更适合。但是需要注意的是，CHIRPS 2.0在空间覆盖上是“准全球”，跨度为南纬50°～北纬50°，因此建议未能覆盖的缔约方使用GPCC降水数据，或者使用1.3.3节中讨论的本国或区域产品。如果缔约方面积小于表9所列全球数据集的分辨率，建议缔约方考虑使用1.3.3节所讨论的本国降水数据产品。

表9　推荐用于计算1级指标SPI的基于观测的全球降水数据集

降水数据集	出版方	来源	空间分辨率	时间跨度	时间尺度
GPCC v6	GPCC	测站	1.0°×1.0° （在赤道上约等于111km） 2.5°×2.5° （在赤道上约等于277.5km）	1982年至今	逐月
CHIRPS 2.0	CHG UCSB	测站和遥感数据	0.05°×0.05° （在赤道上约等于5.55km）	1981年至今	逐日、逐月、逐年

1.3.2.1　基于测站的数据：GPCC监测产品v6

世界气象组织认可基于全球降水气候中心（GPCC）测量数据生成的网格产品："GPCC监测产品v6：基于SYNOP和CLIMAT雨量站数据的近实时逐月陆地地表降水量"（Schneider et al.，2018a）。GPCC是世界气象组织批准的全球降水数据生产中心，其产品在世界范围内被很多组织用于水和气候相关的监测与研究，包括世界气象组织、粮农组织和教科文组织（Schneider et al.，2018b）。GPCC被中欧和东南欧干旱管理中心（DMCSEE）作为核心输入数据集生成区域干旱监测产品，该中心由UNCCD和世界气象组织于2007年共同成立。

然而，众所周知，测站密度会影响衍生网格数据的准确性（Keller et al.，2015；Legg，2015）。基于密集雨量站网络数据的统计分析表明，当使用5个测站代替10个测站时，月降水量的抽样误差高达两倍（Schneider et al.，2014）。GPCC提供了每个网格使用的测站数量，意味着缔约方可以基于测站密度选择合适的降水数据产品。本指南建议，如果缔约方地处测站密度有限导致降水数据产品不具代表性的地区，建议使用CHIRPS 2.0数据来计算1级指标。

1.3.2.2　基于测站和遥感的混合数据：CHIRPS 2.0

CHIRPS 2.0数据集是一个混合数据产品，结合少量测站和0.05°分辨率的气候数据，即基于红外冷云持续（CCD）观测数据（即遥感数据）和测站数据（Funk et al.，2015）生成高分辨率数据。CHIRPS 2.0与其他网格化降水数据产品相比表现较好，不仅被用于干旱监测，还被用于支持美国国际开发署饥荒预警系统网格开发（FEWS NET；Funk et al.，2015）。

如果缔约方选择CHIRPS 2.0来计算1级指标，建议确保降水数据产品估计值具有代表性，并使用雨量站降水观测数据来验证数据。CHIRPS

和CHIRPS 2.0产品数据已通过许多国家和地区相关文献中的测站观测数据进行了验证，包括巴基斯坦（Nawaz et al.，2021）、非洲东部（Dinku et al.，2018）、安第斯山脉中部（Rivera et al.，2018）和中国（Bai et al.，2018），尽管在一些地区使用时存在一定限制（如降雪区域和高海拔地区），但总体对本地降水估计显示出良好的敏感性。

1.3.2.3 再分析系统数据

另一个潜在的数据来源是ERA5等再分析系统提供的降水数据（Hersbach et al.，2020）。通过数据同化系统，再分析系统可以将复杂的天气预报模型和历史观测数据进行结合，具有全球范围内提供连续的时空分布和近实时可用性的优势，其另一个优势是提供了其他可用的监测指标，如蒸散发，详见附录A。尽管已有一些对ERA5降水数据的评估（Nogueira，2020），但在推荐此类产品之前，仍需对其在干旱的监测应用进行全球尺度的详细评估。另外，此类再分析数据可用于测站低密度区域（GPCC在这类地区的估值更具不确定性）或CHIRPS 2.0不能覆盖的区域（见图8）。

1.3.3 使用国家/区域降水数据产品

在某些情况下，缔约方可能更愿意使用国家气象水文服务机构提供的国内数据或区域降水产品，而不是表9中推荐的全球降水产品。可能的原因包括：

• 国内/区域产品可能具有更高的空间分辨率和（或）更长的记录期，可为干旱灾害评估提供更大的历史背景。

• 国内/区域产品可能已经用于生成SPI数据（或用于派生1级指标的其他干旱指数）。

• 与GPCC数据相比，国内/区域产品可能是基于更高密度的测站数据生成的，数据不确定性更小。

图8列出了建议的决策过程，用于评估什么情况下更适合使用国内（区域）降水数据产品计算1级指标。

如果本国没有网格化降水产品，缔约方可能希望基于本地雨量站数据生成降水网格数据。本指南不提供生成网格化数据集的指导，但缔约方可参考世界气象组织发布的相关指南（Collier，2000）和科学文献（Keller et al.，2015；Vicente - Serrano et al.，2017）。

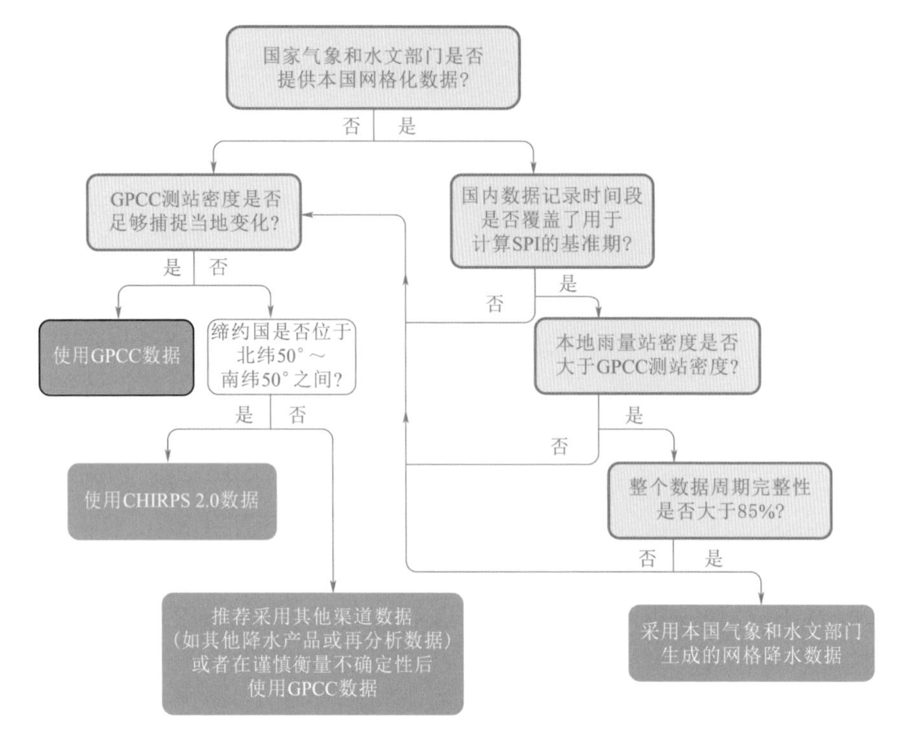

图 8　帮助缔约方选择最佳降水数据源来计算
1 级指标的决策树

1.4　基本原理与说明

1.4.1　1 级指标 SPI 的基本原理

世界气象组织为落实《关于干旱指数的林肯宣言》(Hayes et al., 2011) 中提出的开展气象干旱监测的建议，推荐将 SPI 作为战略目标 3 的 1 级指标的基础。此外，在第十六届世界气象大会发布的 21 号决议中，要求所有成员国确保其国家气象水文服务机构除了使用已有的干旱指数，还应使用 SPI 来表征气象干旱，从而为各缔约方合作创造一个良好的开端。当然，考虑到 SPI 在干旱天气表达上存在一定的局限性，在干旱地区应谨慎使用 SPI (Wu et al., 2007)，具体参见 1.5 节。

《关于干旱指数的林肯宣言》(Hayes et al., 2011) 中指出，计算

SPI只需要一个输入参数并且易于计算，还能跨时间和空间进行比较。《关于干旱指数的林肯宣言》在过去十年帮助巩固了SPI在干旱监测指数方面的地位。无论是在学术研究中（如通过google scholar可以查询到210000条“标准化降水指数”搜索结果）还是在实践中（如美国干旱监测、欧洲干旱观测站和一系列其他类型监测与预警平台在使用，包括DMCSEE和英国水资源门户），它已在全球范围内广泛使用，并在很长一段时间里已经被视为一种事实上的标准。SPI广泛应用于所有尺度的干旱评估，从流域到国家再到全球尺度。尽管SPI是为旱情监测开发的指数，但它也被广泛用于预报、风险评估和长期气候变化影响评估等（如Dai，2011b；Bachmaair et al.，2016a；Mukherjee et al.，2018；Blauhut，2020）。

选用SPI-12进行评估是为了总结每个报告年的年降水亏缺情况。12个月累积缺水量能够反映长期降水短缺情况，从而更有可能抓住极端情况，这些情况与对水文（包括地下水）以及水资源的影响息息相关（世界气象组织，2012）。

SPI的一大优势是它的灵活性，能够实现在不同类型干旱影响（如水文、农业、环境，详见方框1）相关的各种时间尺度上进行计算。标准化过程的另一个好处是，SPI的变体也可用于水文循环过程的比较。目前针对许多水文气象变量已经提出了对应的标准化指数，例如标准化降水蒸发指数SPEI（Vicente-Serrano et al.，2010）、标准化径流指数SRI（Shukla和Wood，2008）、标准化流量指数SSI（Vicente-Serrano et al.，2012；Barker et al.，2016）和标准化地下水指数SGI（Bloomfield和Marchant，2013）。通过这种方式，可以一致地量化干旱在水文循环过程中的蔓延。虽然目前还不适合纳入这些指标，但会在附录A中进一步讨论。

使用SPI（或其他标准化指数，如SPEI）的另一大优势是，它较易应用于世界气象组织和全球气象预警系统正在开发的全球干旱分类系统。全球干旱分类系统将提供一种用于统一国家干旱监测和报告所用指数的分类方法，从而创建出一个易于理解的全球干旱报告系统。全球干旱分类系统以前被称为全球干旱指数（参见SERCOM-1（Ⅱ）/Doc.5.1.1），变更名称是为了避免被误解为仅有一个指标可用于干旱监测。在第11/COP.14号决议附录中，曾建议将全球干旱分类系统（当时称作全球干旱指数）作为干旱监测1级指标的基础，因此，计算和报告方法将在本指南的后续版本中进行修订。

1.4.2 关于1级指标的解释

基于SPI的1级指标报告提供了四个报告年中每个干旱强度等级（轻度、中度、重度和极端干旱）对应的土地面积比例（见表6）。干旱强度等级不仅能够指示降水不足的严重程度，还可以给出其发生概率，基于世界气象组织（2012）的调查结果见表10。

表10　SPI干旱强度等级和100年里发生概率

SPI值	干旱强度等级	100年里发生次数	事件发生概率[1]
0～0.99	轻度干旱	33	每3年1次
−1.0～−1.49	中度干旱	10	每10年1次
−1.5～−1.99	重度干旱	5	每20年1次
<−2	极端干旱	2.5	每50年1次

注：表中数据来源于世界气象组织（2012）。

受旱土地面积比例取决于报告期各年份是否存在SPI-12指数定义的降水低于正常水平的干旱期。这表示应将1级指标作为状态指标判断是否存在干旱。采用12个月累积期能够提供报告期内长期降水亏缺概况，不过需要注意的是，如果采用短期SPI累计值将产生不同的结果。1.5节和附录A中会进行详细讨论。

如果受旱土地占土地总面积的比例较大，说明当年全国普遍存在降水不足的情况。通过对比每个干旱强度等级中受旱土地面积相对比例，可以评估得出全国降水亏缺程度。

1级指标的基准期概况评估提供了一个初始的干旱状态，该状态将在随后的每个报告期中添加。如1.2.6节所述，考虑到自然气候变率可能对干旱发生的影响，应谨慎分析1级指标的变化或趋势。

---

[1] 这里的概率（世界气象组织，2012）反映的是正态分布的概率。需要指出的是，参考期的选择以及拟合的概率分布曲线（如1.5节所述）可能会影响与干旱强度等级相关的概率。

1.5　评价与局限性

本指南推荐的 SPI 是一个完善、灵活和可靠的干旱指数，适合在全球范围内定量评估干旱灾害。此处我们必须强调，与其他用于评估干旱的单一指标或指数一样，SPI 也存在许多局限性。其主要问题是，它只能量化这个复杂、多面灾害其中的一个方面（气象干旱）。在分析 SPI 评估结果时，还需要解决几个重要的技术因素。我们会在本章简要讨论上述问题，但不一定能详尽地覆盖到这些主题，必要时请读者参考其他文献。

首先，相对于其他干旱指标，我们强调如果使用 SPI 作为 1 级指标的单一指标，应考虑如下事项。

干旱类型：关于 SPI 最关键的一点是，它是一个仅基于降水的气象干旱指标，如前所述，气象干旱发生之后可能发生的其他干旱类型（如水文干旱、农业干旱）可以通过多个时间尺度的集合进行推断，但这里提到的单一时间尺度指数（SPI－12）可能不能很好地反映出来，如下文所述。由于 SPI 是一个只以降水量为输入的指标，它存在其他气象干旱指标同样固有的局限性。我们在附录 A 中讨论这一点。请注意，如果缔约方在 1 级指标报告中使用了其他基于降水的干旱指数，也存在这种局限性。

在干旱气候中的应用：SPI 的计算是基于数学上的降水分布。对于降水很少和（或者）无降水月份比例很高的地区，将降水分布与这种斜率很高的数据进行拟合非常具有挑战性。对于这些地区的SPI值应该谨慎使用和解释（Wu et al.，2007；Pietzsch et al.，2011；Ziese et al.，2014）。在这类地区通常会使用SPEI指数（Vicente－Serrano et al.，2010），关于蒸散量的作用将在下面的段落中进行详细讨论。

缺少蒸散量：即使作为一个气象指标，SPI也只能部分描述干旱灾害。它能够定量评估降水亏缺情况，但无法评估水平衡公式的另一面——它没有考虑蒸散发损失。这一点非常重要，因为作为影响干旱的驱动机制，蒸散发损失在许多地区可能与降水短缺一样重要，甚至会更重要。在全球范围内，大约60％的陆地降水被蒸发了（Rodell et al.，2015），说明蒸发在全球大部分地区的水平衡中占主导地位。即使在潮湿环境中，考虑到复杂的地表反馈效应（Teuling et al.，2013），蒸散发损失也可能是某些季节发生干旱事件的重要驱动因素。虽然SPI提供了一种在时间和空间上对比降水亏缺情况的可靠方法，但考虑到蒸散发观测值具有时空变异性，如果进行区域间对比，并且测试其随时间的变化趋势，这种仅基于SPI（即降水亏缺）来评估干旱严重程度的做法可能会产生误导。目前已经开发出许多其他气象指数，通过考虑蒸散发，从水平衡的角度量化干旱，例如，设计完善的PDSI和最近广泛被采用的SPEI。然而，即使在小尺度上，如何准确量化蒸散发仍然是一个具有挑战性和争议性的课题，更不用说全球尺度上评估。鉴于目前缺乏一致和公认的量化方法，不将蒸散发纳入评估是合理的。未来这将是优先解决的关键事项，后续会在附录A中进一步讨论。

与干旱影响的联系：根本上，由于干旱没有单一的定义（Lloyd－Hughes，2014），因此不可能由单一的指数或汇总期来量化不同地区、不同部门或不同类型的干旱（如农业干旱、水文干旱等；关于不同类型干旱的更多信息见方框1）。有人认为，选择合适的指标以及汇总指标的时间段，应通过对观测到的干旱影响的“实地真相”来了解（Bachmaair et al.，2016b）。为此，许多研究采用各种统计方法将干旱指数（包括SPI）与观测到的干旱影响数据库联系起来（如Blauhut et al.，2015；Stagge et al.，2015a；Bachmaair et al.，2016b；Blauhut et al.，2016；Noel et al.，2020）。本指南得出的主要信息是，识别干旱影响的最合适指标是与特定背景高度相关的，随地点、季节、聚集期和影响类型（或干旱类型）变化而变化。干旱指数与其所对应的影响之间的复杂关系不仅受到自然

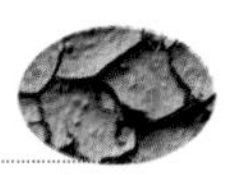

因素（比如是否存在含水层等这类重要陆地表面储水层）的影响，还受到生态系统和社会的暴露程度及脆弱性的影响，这些因素随时间以及国家和地区的不同而变化。因此，这里推荐的 SPI－12 只能作为一项初步定义干旱严重程度的指标，而给定了一个 SPI 阈值取值又会得出不同类型的影响以及在不同地区出现的不同程度的影响。

其次，如果采用 SPI 作为干旱评估指标，在应用时需要考量的技术因素中大部分与其他干旱指标应用所需数据集相同。

空间尺度：1.3.2 节中推荐用于推导 SPI 的全球数据集已被评估为“适合默认降水数据集的用途”。然而，如果存在国家、超国家或更细尺度的网格数据集，其中许多可能是通过各国气象和水文部门发布，这些数据集可能更适合 SPI 应用，因为它们具有更高的空间分辨率。

在这种情况下，应遵循 1.3.3 节中的指导来评估这些国家数据集是否适合 1 级指标报告。

时间尺度：本指南选择 SPI－12 用于表征年降水亏缺量的单一集合期。考虑到指标-影响关系的复杂性，其他集合期可能更适合表征某些环境中的干旱影响。在一些易受“突发性干旱”影响的地方（Otkin et al.，2018；Pendergrass et al.，2020），短期 SPI（如 SPI－1～SPI－3）可能表现最显著，而对于其他多年易旱地区，SPI－24（甚至 SPI－36 或更长时间尺度的 SPI）可能更适合反映出大多数影响状况。欧洲（Bachmaair et al.，2016b）、中国（Wang et al.，2020）以及其他地区的研究也证实了 SPI 指数对时间差异的敏感性，选择 SPI－12 是一个适当的折中方案。然而，在对结果进行分析时，需要记住，这只是其中一个集合期，未来还可能会考虑其他时间尺度的集合期，因此需要制定一个指南来说明如何为缔约方选择最合适的集合期（本身取决于广泛的气候、地理和经济考虑因素）。最后需要说明的是，选择日历年作为集合期本身就是一个影响区域可比性的一个决定。选择日历年作为 12 个月集合期可能是为了结合实际简化国家报告的相关工作。然而，对于有些地区的一个“湿季”覆盖了日历年交替的月份，选择日历年为集合期则需要将其拆分为多个报告年。因此，许多国家和地区采用“水文年”或“水年”的概念（如美国和北欧部分地区采用 10 月 1 日至次年 9 月 30 日）来应对这种情况。然而，全球气候差异很大，我们不可能提出一个固定的 12 个月周期来适用于所有环境。在实践中，与本节讨论的其他注意事项相比，固定 12 个月的集合周期是一个固有的抽样问题，可能对结果影响不大（因为总是比较相同的12个月并用于标准化）。

参考期：应采用一个参考期对SPI进行参数化，基于实际考虑，建议使用世界气象组织推荐的标准气候期（目前为1981—2010年）。然而，任何一个30年标准期都不太可能完全代表一个地点的长期气候变率，但理想情况下建议选择更长的气候周期（Wu et al.，2005），不过考虑到现有数据集受到诸多限制，这种情况通常不可能出现。在水文气象时间序列中常见的年代际变率背景下，相对短期的30年周期限制是一个特殊问题，这主要由大尺度、低频的海洋-大气环流模式引起，如厄尔尼诺-南方振荡现象（ENSO）、大西洋多年代际振荡（AMO）和许多其他模式。已有研究发现SPI阈值对此类多年代际振荡具有一定敏感性以及对政策/决策结果具有潜在影响（Nñez et al.，2014）。虽然在全球范围内采用单一且一致的参考期有明显的好处，但同时，30年周期对各区域当前和未来条件的代表性确有所差异，主要取决于厄尔尼诺-南方振荡现象等驱动因素带来的相对影响，以及人为全球变暖形成的潜在趋势，这种差异幅度在空间上是可变的。这里需要指出的是，在本指南的后续版本里，这一参考期可能会根据世界气象组织的更新建议进行调整。在这种情况下，应重新计算基准期（如1.2.6节所述）和已有报告期，从而确保评估结果的可比性。

拟合分布：SPI需要选择适当的统计分布来进行标准化处理，考虑到伽马分布在各洲和全球尺度标准化降水指数应用中的表现，默认推荐这一选项。然而，围绕这个主题的许多研究表明（Lloyd - Hughes et al.，2002；Stagge et al.，2015b；Svensson et al.，2017；Tijdeman et al.，2020），伽马分布在某些位置的表现优于其他函数分布。一般来说，拟合函数的选择（以及拟合方法）会对生成的SPI值产生重大影响，尤其是SPI的阈值对拟合函数特别敏感。不过，根据现有文献，由于大多数情况下，相对于那些需要更多输入参数的拟合函数，它具有良好的普遍可接受性，且易于计算和解释，因此伽马分布仍然被默认为是一个很好的拟合函数。如果缔约方不使用现有的SPI数据，而是使用国家或区域降水数据产品以及1.2节中的方法来计算SPI，在资源和能力允许的情况下，可以将伽马函数与其他概率函数［如Stagge et al.（2015b）和Svensson et al.（2017）中提到的Kolmogorov - Smirnov、Anderson - Darling和

Shapiro－Wilk 检验］一起对比评估概率函数的拟合性。关于拟合方法和概率分布评估方法的进一步建议，可以在水文学和气象学的标准统计指南中找到（Tallaksen et al.，2004；Wilks et al.，2011）。还应该注意的是，目前已有研究提出了计算 SPI 的非参数方法（如 Hao et al.，2014），不再需要基于统计分布拟合数据。由于这些方法不适合开展观测数据的外延，考虑到现有观测数据记录较短，这是一个十分重要的限制。

2

第2章　2级指标　受干旱影响的人口比例趋势

本章描述了2级指标——受干旱影响的人口比例趋势的专业术语、概念、方法、数据来源、基本原理与说明、评价与局限性，以评估干旱灾害的暴露程度。该指标建立在1级指标基础上，更直接地解决《联合国防治荒漠化公约2018—2030年战略框架》中概述的战略目标3的问题。

本指南通过将人口空间分布数据与动态表征干旱灾害的1级指标进行叠加来确定受干旱影响的人口数量。本指南采用该指标评估干旱灾害的暴露程度是参考政府间气候变化专门委员会（IPCC）对暴露程度的定义，即可能受到干旱灾害不利影响的地区的人口或生态系统。

2.1　概述

干旱暴露是干旱风险的关键驱动因素之一（Carrão et al.，2016）。这里用于计算2级指标的方法旨在具有普适性，并能使缔约方能为该指标选择最合适的数据集，并酌情确定估算干旱风险的国家方法。

2级指标是通过计算某一特定国家面临干旱和可能受到干旱影响的人口比例而简单得出的。人口只是评估干旱风险时可考虑的几个因素中的一个（Carrão et al.，2016；Laurent - Lucchetti et al.，2019；Pricope et al.，2020）。尽管目前本方法没有考虑其他因素（如庄稼、牲畜和生态系统），但在2.5节和附录A中有更详细的讨论。

通过分析受干旱灾害影响的人口百分比，缔约方可以得出受不同程度干旱影响的人口比例。在可能的情况下，这将主要以该缔约方提供的可比较和标准化的人口分布的官方数据为依据。然而，也可以利用区域和全球数据源的地球观测和地理空间信息，如2.3节所强调的。

2.2 方法

在《联合国荒漠化公约》（UNCCD）关于战略目标3的指标和监测框架中，2级指标与1级指标相连接，以此提供了一个简单的表征干旱暴露程度的指标。在这种情况下，这个指标就是报告期内的每个四年中对应于每一级干旱强度等级的受干旱影响的人口百分比。2级指标是按一个缔约方受干旱影响的人口占其总人口的百分比计算的。这有可能进一步按性别进行分类，以探索和分析人口的暴露程度。

2级指标的计算方法是通过考虑在某一特定地点受干旱影响的人口或次人口群体（如按性别划分的人口）的空间分布来确定该地点的干旱暴露程度。该方法将处于1级指标确定的干旱强度等级内的人口视为受到暴露。因此，人口所遭受的干旱强度等级直接由基础的1级指标确定。据此，可以通过计算、记录和报告处于每个干旱强度等级的总人口百分比，得出2级指标。

首次向UNCCD报告2级指标也同样需要计算基准期（如2000—2015年）和之前的报告期。2.2.4节提供了如何计算2级指标基准期的方法。

2.2.1 计算受干旱影响的总人口百分比

这里概述的方法涉及将人口数据叠加到1级指标的空间分布结果上（所需数据详见2.3节）。

计算受干旱影响的总人口百分比主要有以下四个基本步骤：

（1）将人口数据叠加到1级指标的空间分布结果上（如1.2节所述）。

（2）计算这个国家的总人口。

（3）计算处于每个干旱强度等级的人口数量。

（4）将第3步的计算结果转换为处于每个干旱强度等级里的人口百分比。

下面详细介绍以上这些步骤。

2.2.1.1 步骤1：将人口数据叠加到1级指标的空间分布结果上

每个四年报告期的1级指标的计算成果包含灾害强度的空间分布。对应年份的人口数据应该被叠加到每个空间分布结果上（参见图9中的

示例）。如果没有某一年的人口数据，则应使用报告期内下一年的数据。例如，在2016—2019年报告期，如果2018年的数据没有，但2019年的数据可用，那么2018年和2019年都将使用2019年的数据。如果这两个年份都没有数据，则应使用报告期内的最新数据，例如2017年的数据。必须在报告期内获得至少一个合适的人口数据集，才能报告2级指标。如果一个四年报告期内只有一个数据集可用，则可能导致四年中的每一年都使用相同的人口数据集。所选数据应符合2.3.1节所列要求。

要注意的是，2级指标的人口数据和1级指标的标准化降水指数（SPI）的数据应该具有相同的坐标参考系统和原点或投影。基准和投影的选择由各国自己决定，但必须是一个既定的空间坐标参考系统。因此，建议每个国家使用其官方坐标系。为此，可以在必要时重新投影数据。另外，所选择的投影系统应在报告期内保持一致。

2.2.1.2 步骤2：计算这个国家的总人口

计算这个国家领土内的人口，由此得出总人口。每个报告年都需要计算。将计算结果填入表11所示的“总人口”栏中。

2.2.1.3 步骤3：计算每个干旱强度等级的人口数量

通过使用步骤1计算的结果分别计算每年对应于4个干旱强度等级的人口数量，将计算结果记录在表11中。需要注意的是，可能会有部分人口完全没有受到任何强度等级的干旱的影响，这些应该被记录在“无干旱”这一行。

地理信息系统（GIS）软件中的统计工具，如QGIS或ArcGIS中的“区域统计”，可用于根据1级指标定义的干旱强度等级进行人口计数。如果没有使用或没有可用的工具，SPI和人口数据应具有相同的空间分辨率并位于相同的网格上，以便能对受干旱影响人口进行每像素计算。当数据分辨率不同时，SPI或人口数据中的一种应重新网格化。重新网格化建议在较好的数据基础上进行。

GDAL是一个开源的工具库，可以用于栅格数据分析，包括使用“gdalwarp”重新网格化数据。GDAL可以通过命令行工具、编程语言（如Python）或开源软件（如QGIS）直接使用。

2.2.1.4 步骤4：计算每个干旱强度等级的人口百分比

基于以上3个步骤计算每年处于每个干旱强度等级的人口百分比。如

表11所示，在“人口百分比/%”列中记录这些数据。在报告期内的每年都应做这样的计算和记录。

表11　　受干旱影响的总人口百分比计算表

报告年	第1年		第2年		第3年		第4年	
总人口	23906200		24281300		24550120		24697500	
干旱强度等级	对应人口	人口百分比/%	对应人口	人口百分比/%	对应人口	人口百分比/%	对应人口	人口百分比/%
无干旱	107020	0.4	114767	0.5	24550120	100	15123605	61.2
轻度干旱	18359965	76.8	2598206	10.7	0	0	9335683	37.8
中度干旱	4298522	18.0	9514157	39.2	0	0	231969	0.9
重度干旱	1101441	4.6	5059895	20.8	0	0	6243	0
极端干旱	39252	0.2	6994275	28.8	0	0	0	0
受影响的人口	23799180	99.6	24166533	99.5	0	0	9573895	38.8

在关于2级指标的报告中应当包括表格数据和空间分布图。在每个报告年的空间分布图上，受干旱影响人口的分布范围应清晰可见，例如使用图9中所示的圆点。

2.2.2　受干旱影响的人口按性别分类

当有按性别分类的数据时，建议在计算总人口的2级指标的同时也按性别分别计算2级指标，即计算出每个报告年内每个干旱强度等级中男性和女性人口分别的百分比。

这个计算需要以下三个基本步骤。

(1) 将按性别分类的人口数据叠加到1级指标空间分布成果上（如1.2.2节所述）。

(2) 计算每个干旱强度等级中每个性别的人口数量。

(3) 将步骤2的计算结果转换成男性和女性人口的百分比。

详细计算步骤如下。

2.2.2.1　步骤1：将按性别分类的人口数据叠加到1级指标空间分布成果上

使用包含性别分类的人口数据集（见2.3.1节中列出的数据要求），将按性别分类的人口数据叠加到1级指标空间分布成果上（1.2.2节）。

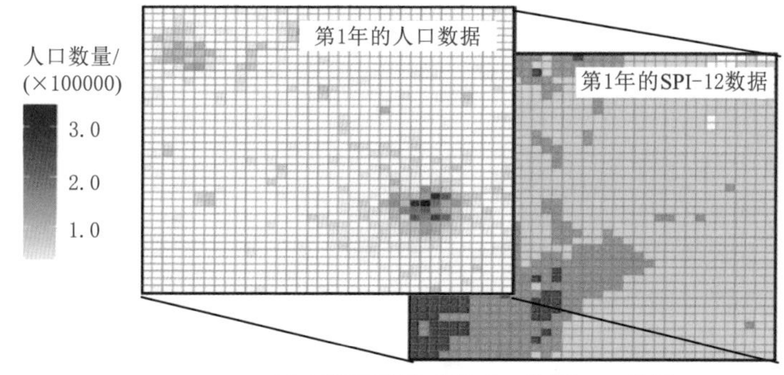

(a) 示例区域第1年的人口数据与SPI数据

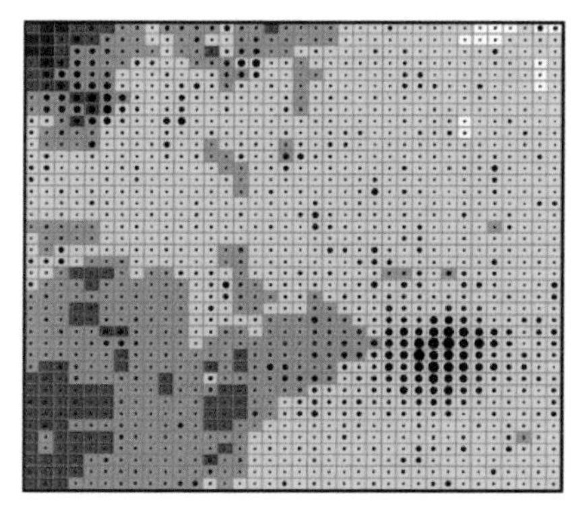

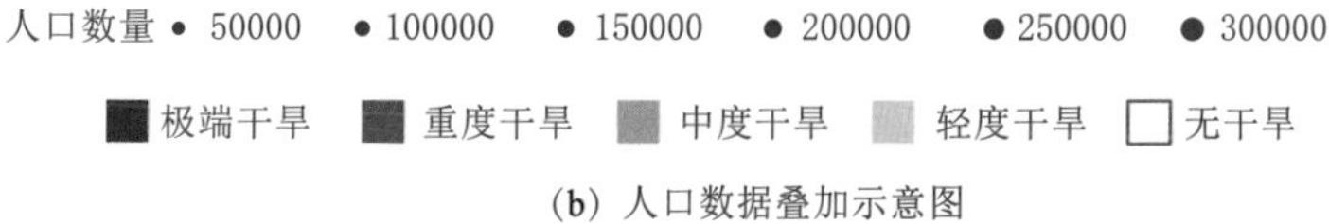

(b) 人口数据叠加示意图

图 9　受不同强度干旱影响人口数据叠加示例图

注：这里为了更清晰地显示数据，将人口栅格转换成了圆点。

注意，为避免人口总数出现差异，应从同一来源收集包括按性别分类的人口数据。

2.2.2.2　步骤 2：计算每个干旱强度等级中每个性别的人口数量

对每个性别，分别计算出在 1 级指标给出的四个干旱强度等级内的人数，然后由此计算出每个干旱强度等级受影响的总人数，在每个报告年进行以上计算并记录下计算结果。

2.2.2.3　步骤 3：计算每个干旱强度等级中每个性别的人口百分比

利用公式（1）和步骤 2 中计算的结果，计算四个干旱强度等级中两性人口的百分比。请注意，每个干旱强度等级中的总份额应等于 100%。

这些数据如表 11 所示，并按性别分别列出受干旱影响情况。

$$ePop_{ijk}\% = \left(\frac{ePop_{ijk}}{TotalPopexposed_{ij}}\right) \times 100 \tag{1}$$

式中：i 为干旱强度等级；j 为年份；k 为性别；$ePop_{ijk}$ 为第 j 年性别 k 中受第 i 级干旱强度等级干旱影响的人数；$TotalPopexposed_{ij}$ 为第 j 年受第 i 级干旱强度等级干旱影响的总人数；$ePop_{ijk}\%$ 为第 j 年性别 k 中受第 i 级干旱强度等级干旱影响的人口百分比。

同样的，在 2 级指标的国家报告中应包含表格数据和空间分布数据。在每个报告年的数据空间分布图上，按性别分类的受干旱影响人口的范围应清晰可见，例如使用图 9 所示的圆点。

上述步骤将在网格单元尺度上显示出空间分布的结果和信息。如需进一步分析，可将行政和区域边界叠加到空间分布图上，以便更好地量化和可视化人口、性别与干旱发生及干旱强度之间的局部空间关系。

2.2.3 创建每个报告期内的 2 级指标网格化空间数据摘要图

除了上述 2 级指标计算结果以外，还需要得到一个本报告期内网格化空间数据成果摘要图。这个网格化空间数据成果摘要图在网格单元范围内显示了四年报告期内最极端干旱强度等级影响下的人口数量。

总结 2 级指标报告期内空间分布情况时，应将当前报告期的最新年份人口数据集覆盖在 1 级指标网格化空间数据成果摘要图上（见 1.2.5 节）。例如，对于 2016—2019 年报告期，应使用 2019 年的人口数据。如果没有最新年份数据，则应使用最近年份数据，如 2018 年的人口数据，依此类推。

在摘要图上应清楚地表示出受每种干旱强度等级影响的人数，即要在一个图例中将干旱强度等级和人口数据结合到一起，例如使用图 10 所示的圆点，或其他方法，如双变量等值线图。注意，摘要图不需要包含按性别分类的成果。

2.2.4 计算基准期内的 2 级指标

本节介绍如何根据《联合国防治荒漠化公约 2018—2030 年战略框架》中包括的所有战略目标的报告要求，计算《联合国防治荒漠化公约》基准期 2000—2015 年的 2 级指标。计算这一时期的 2 级指标为缔约方了解其在一段时间内对战略目标 3 监测的干旱影响情况以及其他战略目标提供

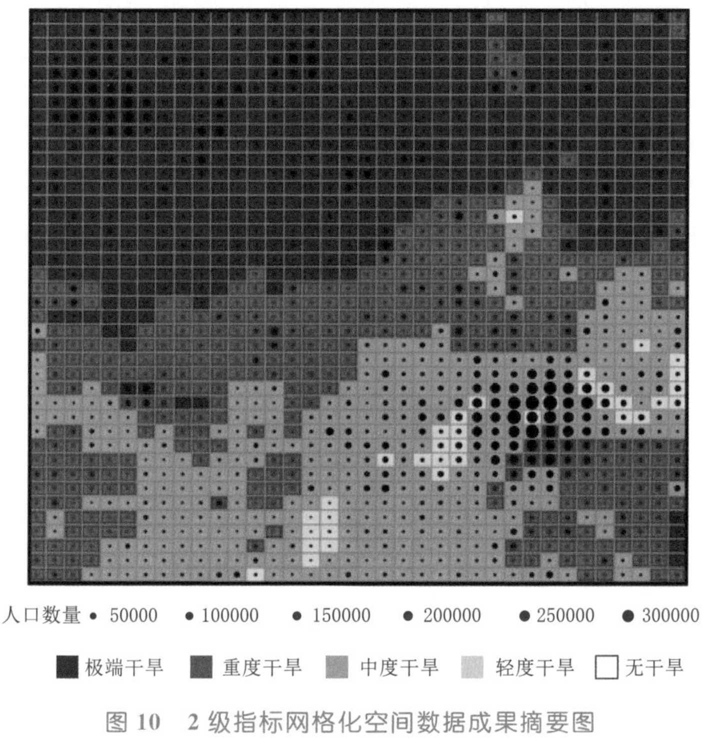

图 10　2 级指标网格化空间数据成果摘要图

注：显示了四年报告期内最极端强度的干旱影响的人口数量分布情况。

了相关信息。

2 级指标的基准期数据应作为该期间受干旱影响状况的记录。1 级指标描述了干旱灾害程度，2 级指标是在 1 级指标的基础上制定的。干旱是一个周期性事件，气候变化意味着在基准期或报告期可能发生干旱，也可能没有发生干旱（见 1.2.6 节）。因此，对在这一段时间内受干旱影响的人口比例所观察到的任何变化或趋势都应谨慎分析解释。

在第一轮向 UNCCD 提供国家报告的过程中，就应当计算出基准期内的 2 级指标。

出现如下情况，基准期（以及任何以前的报告期）的成果可能需要重新计算：

（1）如果世界气象组织更新了关于标准气候正常期，应当使用这个新的标准作为参考期来重新计算标准化降水指数，并重新计算基准期以及后续报告期内的 1 级指标。

（2）如果有了可用的新的或更好的降水数据集用来计算标准化降水

指数和1级指标，应当使用新的降水数据集重新计算基准期及其后续报告期的成果。

（3）如果有了可用的新的或更好的人口数据集用来计算2级指标，应当使用新的人口数据集重新计算基准期及其后续报告期的成果。

（4）用于计算或报告战略目标3监测的2级指标的方法发生了变化。

2级指标基准期的计算方法类似于2.2.1～2.2.3节所述的最近报告期内受干旱影响人口的计算方法。应为基准期也编制一份相当于表11所示的成果总结，计算出基准期内16年每一年受干旱影响的人口并列成表格。

在编制以上表格的同时，还需要提供如2.2.3节所示的2级指标网格化空间数据成果摘要图。总结4个基准期（即2000—2003年、2004—2007年、2008—2011年和2012— 2015年）的2级指标网格化空间数据成果摘要图，应选择每个基准期最新年份的人口数据。例如，对于2000—2003年期间，应使用2003年的人口数据。如果没有这些数据，则应使用最近的年份，例如2002年的人口数据，等等。

然后应将这些数据叠加到等效的1级指标基准期的网格化空间数据成果摘要图上。1级指标摘要图参见1.2.6节和图7。在这些摘要图上，应将干旱强度等级和人口数据合并在一个图例中，以便能清楚地表示受每种干旱强度等级影响的人数，例如使用图11所示的圆点，或其他方法，如双变量等值线图。

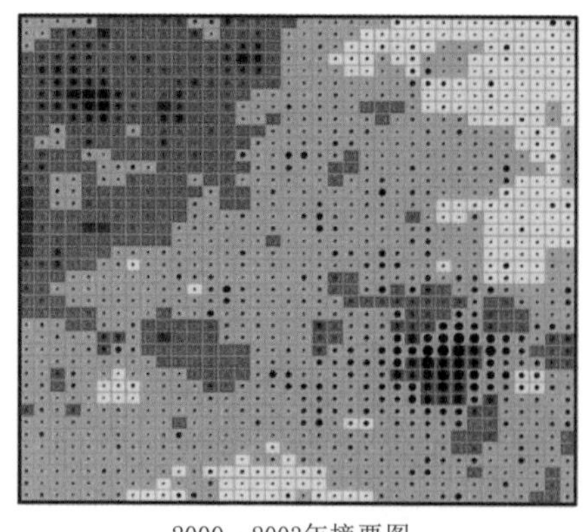

2000—2003年摘要图

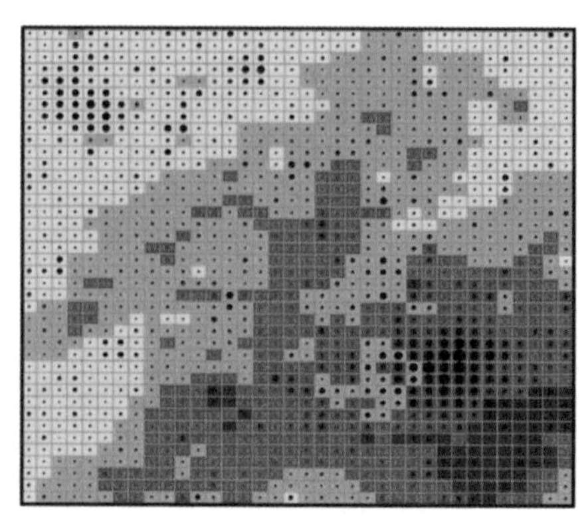

2004—2007年摘要图

图11（一）　基准期内2级指标网格化空间数据成果摘要图

注：该图显示了在相应的基准期内受到最极端强度等级干旱影响的人口数量分布情况。

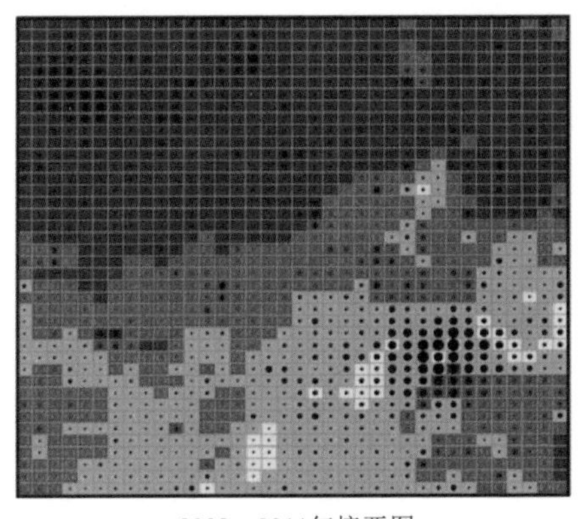

2008—2011年摘要图

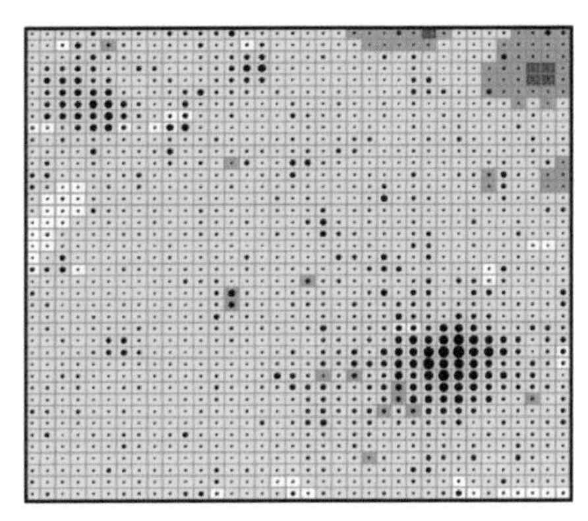

2012—2015年摘要图

图 11（二）　基准期内 2 级指标网格化空间数据成果摘要图

注：该图显示了在相应的基准期内受到最极端强度等级干旱影响的人口数量分布情况。

2.3　数据来源

本节概述了计算 2 级指标所需要数据的要求，以及两个推荐的数据集。有关这些数据及相关数据的进一步信息，请参阅 Pricope et al.（2020）的文献。

2.3.1　人口数据要求

为了保证不同缔约方之间数据的可比性和一致性，用于计算 2 级指标的数据集需要满足以下基本标准。

（1）数据应在空间上进行网格化，或在次国家层面进行网格化，即在与行政管理相关的空间划分层面（如行政边界）（Sims et al.，2021；Pricope et al.，2020）。

（2）数据必须在空间上完整，覆盖该缔约方的全部领土范围，并仅有少量有限的数据缺失。

（3）数据需要包含完整的人口数量，或者有可以转换为数量的人口密度数据。

（4）需要有四年报告期内一段时间的数据，并要有足够精确的分辨

率，以便能识别出当前报告期与以前报告期之间的变化。

(5) 应使用一致的普查数据映射方法。数据处理方法和数据源都需要进行记录和验证，关于如何导出数据以及如何计算每个网格单元数据都要有一套明确的计算方法。

(6) 理想情况下，各方应尽可能利用现有数据，因为这些数据来源是确定的，数据的收集和处理方法都是清楚明确的，并且其准确性和透明度都是经过验证和证明的（Sims et al.，2021）。

(7) 在可能的情况下，在不损害此处所述其他标准的情况下，应分别列出不同性别的数据。

(8) 数据应有足够的更新频率，以便能显示出各个报告期之间的数据变化，并且在今后的报告期中这些数据也能获取，以保证在时间上的一致性。

2.3.2 推荐的人口数据集

应选择精细尺度或次国家级空间数据集，其来源可以是官方验证过的国家数据源，或是更好的全球/区域数据集。在全球范围内有许多公开可用的高分辨率人口数据集（如 Pricope et al.，2020）。这些数据中有许多都符合国家灾害评估的标准。表 12 对其中的两个数据集——世界人口数据集（WorldPop）和世界人口网格化数据（Gridded Population of World）第 4 版（GPW v4）进行了总结和讨论。

表 12　推荐的用于 2 级指标计算的全球人口矢量化数据集

<table>
<tr><th>人口数据集</th><th>机构名称</th><th>来源</th><th>空间分辨率</th><th>时间分辨率</th><th>是否有分性别的数据</th><th>更新频率</th></tr>
<tr><td rowspan="2">WorldPop</td><td rowspan="2">WorldPop</td><td>国家官方估算</td><td rowspan="2">3″（在赤道上约等于100m）</td><td rowspan="2">2000—2020 年全球数据，特定年份有国家数据</td><td rowspan="2">有</td><td rowspan="2">每年</td></tr>
<tr><td>联合国开发计划署测算</td></tr>
<tr><td rowspan="2">GPW v4</td><td rowspan="2">CIESIN、SEDAC、EOSDIS</td><td>国家统计</td><td rowspan="2">30″（在赤道上约等于1km）</td><td rowspan="2">2000 年、2005 年、2010 年、2015 年、2020 年</td><td rowspan="2">只有2010 年有</td><td rowspan="2">每 5 年</td></tr>
<tr><td>联合国《世界人口展望报告》中估算</td></tr>
</table>

2.3.2.1　世界人口数据集

世界人口数据集（WorldPop）是一个关于人口分布和人口统计的动态高分辨率全球数据集。WorldPop有两个不同的空间分辨率图层，分别以3″和30″的分辨率进行网格划分（在赤道上分别约等于100m和1km），并包含了人口普查表和国家地理边界等信息。通过输入数据建立模型，估算出了2000—2020年每年的人口数量。对应同样的年份，还有一组数据是根据联合国人口司（UNPD）的国家人口预测进行了调整（Pricope et al.，2020）。人口估算方法（称为dasymetric映射）是多元的，包含大量的预测因素。因此，它被认为是“高度模拟的”，因此可以根据数据条件和每个国家和地区的地理特点进行调整。同时，该数据集包含不同性别的人口数据。值得注意的是，2000—2020年内的年度数据是没有约束条件的，这意味着空间地图上每个像素点都有同样的潜力容纳居民。而事实往往并非如此，例如，在无约束情况下，在空间地图上没有人口的农村地区单元格可能会被错误地计算为有人居住。

还应指出，在某些情况下，使用这种仅有少量普查数据的复杂插值模型可能导致在一些次级行政区和农村地区的人口估值不确定性较高。在那些长时间没有人口普查的国家，或由于移民、不孕、死亡等原因发生了重大变化的国家，这种不确定性将更高。WorldPop试图通过采用“自下而上”的方法，利用本地调查和卫星遥感数据特征提取来减少这种不确定性（WorldPop，2020）。在更容易获得人口普查数据的地方，WorldPop采用“自上而下”的方法，从基于全球行政单位的人口普查和预测数据中分解出来。因此，这些估算值与联合国的估算数是一致的。

2.3.2.2　世界人口网格化数据第4版

世界人口网格化数据第4版（GPWv4）是一个网格化的全球人口数据集，由哥伦比亚大学国际地球科学信息网络中心（CIESIN）建立。该数据集的空间分辨率是30″（在赤道上约等于1km），包含人口调查表、国家地理边界、保护区以及河流湖泊等输入数据。将这些输入数据通过加权和推演计算得到2000年、2005年、2010年、2015年和2020年的人口估算值。对应相同的年份，同样得出一组根据联合国《世界人口展望报告》里对各国人口预测值进行调整后的数据。只有2010年的栅格图（网格图）包含人口的年龄和性别数据。

与WorldPop相比，这个数据集的人口估算方法是采用相对简单的面积加权法，因此，它被认为是“轻度模拟的”，主要忠实于统计数据。因此，对于输入数据的单位（如行政单位）相对较大的缔约方，其单个网格的人口估算精度可能会受到影响（Doxsey－Whitfield et al.，2015）。

2.3.3 使用国家或地区的人口数据产品

这里推荐使用免费获取的全球地理空间数据集（如WorldPop和GPWv4），对提高战略目标3的监测报告质量具有显著的作用。但如果可能的话，各国也可以选择使用自己的或地区的数据集。这样做有许多优势，包括提供更高分辨率的数据，更少地依赖模型模拟估算，同时还能基于本地数据收集对数据的有效性进行验证，提高了计算成果的可信度。因此，各缔约方可能认为这些数据集能够更好地反映其本国的人口数量，并减少与全球数据集有关的不确定性（Mondal et al.，2012）。

图12列出了如何评估国家（或区域）人口数据是否比表12所列的现

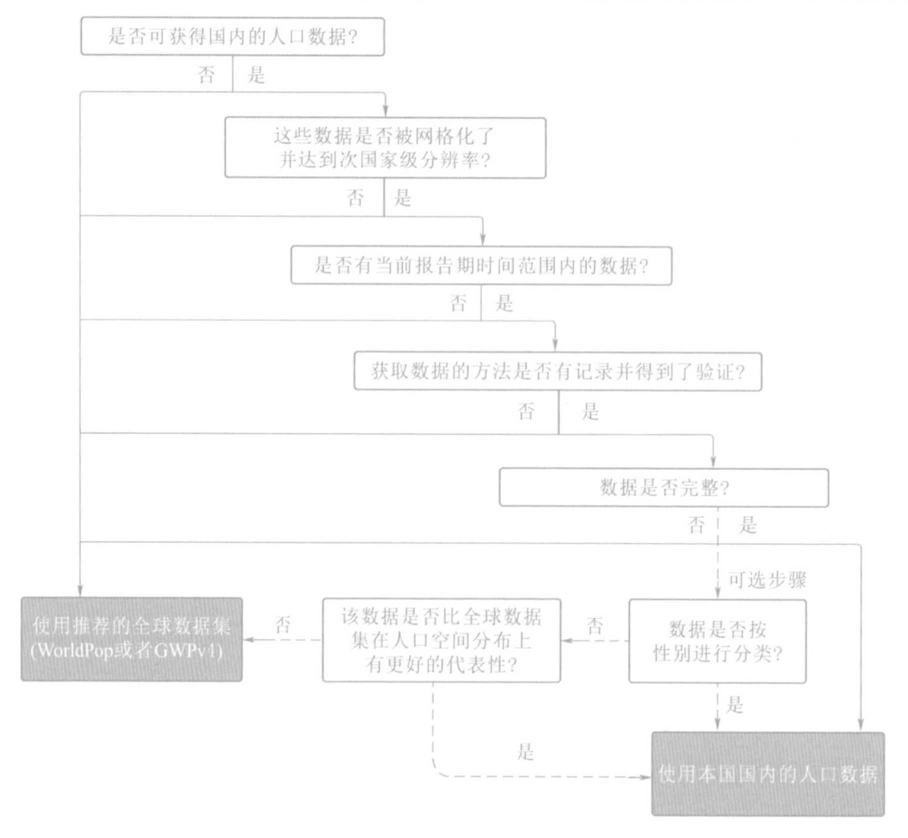

图12 帮助缔约方选择最好的数据源来计算2级指标的决策树

有的全球人口数据更适合用于计算2级指标的推荐决策过程。与所有数据类型一样，国家的、区域的以及全球的不同人口数据不应被认为是相互排斥的。相反，建议通过交叉验证的方式使用各种数据，以得到更可信的国家人口数据，并了解数据中的任何差异。每个缔约方应根据这种分析以及数据的可用性来决定使用哪个数据集。请注意，是否需要按性别分类的数据是可选项，应在满足2.3.1节所述的数据标准的同时考虑纳入性别分类数据的优点。

2.4 基本原理与说明

一个地区的人口是由于水资源过剩还是水资源缺乏而受灾取决于其所处的地理位置。结合1级指标，通过2级指标的计算可根据地理位置和所受干旱强度来确定哪些地方的人口遭受旱灾。

2级指标的计算输出结果是有意简化的。它能清楚地表明哪里的人口最有可能受到干旱的直接影响，并能从空间结果中识别干旱影响模式。这样的方式，也使得对结果的分析说明相对容易理解，并能清楚地评估出一个国家内受干旱影响最普遍的地区。

这些与空间结果输出相关的图（图9）可用于量化受每种强度等级的干旱影响的人数，包括男性和女性受干旱影响比例信息（表11）。某一特定强度等级的干旱影响的人口比例越大，该强度等级的干旱潜在影响的人口数量就越多。

对基准期的总结评估提供了该地区人口受干旱影响的初步情况，以后每个报告期的评估结果都将对这个干旱基本情况进行补充。如2.2.4节所述，在分析由于气候变化对干旱的影响而导致的2级指标的变化或呈现某种发展趋势时，应保持谨慎。此外，在评估受干旱影响的人口数量变化时，还应考虑到该缔约方人口的预期自然增长。

干旱风险的量化是确定缔约方人口受潜在干旱影响的一个重要步骤。通过确定在每个干旱强度等级中受影响的人口百分比，包括具体的人口统计数据，缔约方就能评估出哪里的人口在遭受干旱，并从研究者和决策者需要的空间与时间尺度上量化人口及按性别分列的数据信息。

2.5 评价与局限性

这里概述的方法以相对简单方式从人口和性别的角度评估干旱影响。其实还可以通过考虑其他因素的方法来评估干旱影响（IPCC，2014b）。更全面的干旱风险衡量方法不仅可以考虑人口的空间分布，还可以考虑其他面临风险的实体对象，如农业产量、牲畜数量、部门用水压力和植被类型（Carrão et al.，2016；Laurent－Lucchetti et al.，2019；Pricope et al.，2020）。通过对这些因素的分析，让我们认识到在全球范围内的人口、生活、生态和经济都越来越多地受到干旱的影响（Sims et al.，2021）。

但是，在考虑其他因素的同时还需要注意一些问题。描述这些因素的数据并不总是像全球或准全球规模的人口数据那样容易获得，国家之间的数据覆盖范围往往也不一致。在可用数据的空间和时间分辨率方面也有更多的局限性，即数据过于粗糙（如国家到区域级别的数据）或不经常更新。因此，虽然目前有来自粮农组织或国际粮食政策研究所（IFPRI）的相关数据集，但这些数据集往往无法在次国家范围内提供，或可能无法完整地覆盖所有缔约方，因此限制了其在本指南中的应用。在国家层面，缔约方获得必要数据的能力也可能受到限制。Pricope et al.（2020）还指出，许多这些因素并没有按性别分类，这些信息往往是无法获得的。将除人口外的其他因素纳入分析的方法还需经过进一步的研究和验证，才能纳入本指南所述的方法框架，这将在附录A中进一步讨论。

因此，在计算2级指标时，必须在简易性与必要性之间取得平衡。根据第11/COP.14号决议，UNCCD建议现阶段仅根据人口数据评估干旱风险。因此，在本指南中，仅当人口数据与1级指标中的干旱强度等级相吻合的情况下才分析受干旱影响的情况。不考虑灾害影响范围的近端和远端。这种简化计算无法分析超出危害等级界限之外的影响。这是文献中公认的一个普遍接受的约束条件（Christenson et al.，2014；Naumann et al.，2014；Carrão et al.，2016）。由于每个国家内部情况的复杂性和相关性，这些标准很难普遍适用，因此，目前本指南建议采用更简单的方法。

遭受干旱也不等于易受干旱影响。在这种方法中，两者被认为是互不相同的。应该指出的是，无论是在同一缔约方内部的不同地点，还是在缔约方之间，具有相同2级指标状态的地区，可能会由于经济、社会和环境因素的差异，而导致不同程度的干旱脆弱性。因此，一旦评估了干旱影响，缔约方就必须继续计算关于干旱脆弱性的3级指标，如第3章所述。

3

第3章　3级指标　干旱脆弱性程度趋势

本章介绍了3级指标干旱脆弱性程度趋势的专业术语、概念、方法、数据来源、基本原理与说明、评价与局限性。当与1级和2级指标结合使用时，该指标可以更全面地考虑干旱风险和《联合国防治荒漠化公约2018—2030年战略框架》中概述的战略目标3（SO3）的人为因素。

《联合国防治荒漠化公约》对脆弱性的定义载于ICCD/COP（14）/CST/7，来源于《减少灾害风险相关指标和术语不限成员名额政府间专家工作组2016年报告》（A/71/644）47："由自然、社会、经济和环境要素或过程决定的条件，使个人、社区、资产或系统更易受到干旱等灾害的影响。"此外，第11/COP.14号决议规定，3级指标应当是"造成干旱脆弱性的有关经济、社会、自然和环境要素的综合指数"。

在此基础上，本指南提出了一个综合指标——干旱脆弱性指数（DVI），该指标包含了反映国家或地区人口脆弱性的社会、经济和基础设施组成因素（图13；UNISDR，2004）。目前，DVI指数没有涉及战略目标3（SO3）的其他方面，即生态脆弱性或生态系统脆弱性。

3.1　概述

干旱脆弱性评估对识别干旱影响的根本原因和继而制定适当的应对政策至关重要［ICCD/COP（14）/CST/7］。然而，正如ICCD/COP（14）/CST/7所概述的那样，"没有单一的指标或替代物能够充分体现干旱脆弱性的复杂度，这意味着它必须是包含导致社会和生态系统干旱脆弱性的自然、社会、经济和环境等多种要素的综合指标，其数据最好是在国家和省级层面收集。"因此，参照有关干旱（和旱灾）风险和脆弱性评估主题的科学文献，本指南提出了一个综合指标，使缔约方能够监测其人口干旱脆弱性随时间变化的趋势。

在评估脆弱性时，科学界一般采用两种方法来选择这种综合脆弱性

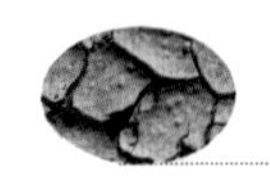

图 13　用于推导 3 级指标的干旱脆弱性指数（DVI）的组成要素

指数的组成要素。这两个理论框架分别是：

（1）影响法：采用结果影响表征系统脆弱性。

（2）因素法：采用一组被认为是造成干旱脆弱性根本原因的内在社会经济因素以及其他因素，更具有情境性（Blauhut et al.，2016；Vogt et al.，2018）。

前者的应用在气候变化适应社会中较为普遍，而后者在减少灾害风险背景下的应用较为普遍。科学界还开发了一个结合了影响法和因素法的混合模型，正如 Blauhut（2020）所述，它有多种优势，尤其是采用了更可靠的验证。尽管如此，本指南并没有考虑混合模型，主要是因为它的数学和统计学方法太过复杂（详见附录 A）。截至目前，因素法在科学文献中使用得更多（Blauhut，2020；Hagenlocher et al.，2019），从本指南的角度，它被认为在方法上更直接和务实，因此建议采用该方法构建 3 级指标。由 Naumann et al.（2014）构建和评估、Carrão et al.（2016）改进和扩展，以及 Meza et al.（2020）最近应用于农业系统的方法，被用来提供本指南提出的综合指数，旨在评估国家层面的脆弱性。

该综合指数（DVI）通过纳入三个组成要素来体现人口的短期应对能力和长期适应能力：社会、经济和基础设施（Carrão et al.，2016；Vogt et al.，2018；King-Okumu，2019；King-Okumu et al.，2020）。DVI 指数不包括生态或生态系统部分，本指南推荐的方法要能够在全球范围内应用和验证，这一点十分重要。正如 González Tánago et al.（2016）、

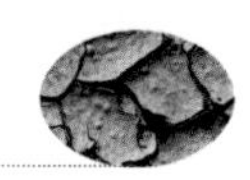

Hagenlocher et al.（2019）和 Blauhut（2020）的综述所说，目前只有少数的干旱脆弱性和风险评估研究纳入了生态系统因素。因此，本指南中提出的方法仅扩展到包含全球农业系统的生态因素（Meza et al.，2020）。此外，文献中对生态系统服务之外的生态系统脆弱性评估方法或因素尚未达成共识（从定义上看，比起以生态系统为中心，仅对生态系统服务更加人性化）（De Lange et al.，2010；Hagenlocher et al.，2018；Weißhuhn et al.，2018）。今后需要对生态系统组成因素进行研究，以便适当满足第 11/COP. 14 号决议中商定的战略目标 3 监测框架的要求。这将在附录 A 中进一步讨论。

根据联合国国际减灾战略（2004 年），无论是在国家层面还是在区域层面，社会、经济和基础设施组成要素的状况都反映了该国或区域人口的脆弱性。本指南给出的 DVI 的三个组成要素，每一个都是由一个或多个因素表示。这些因素都是全球和/或国家数据集中可观测或可测量的变量。由于在国家级和/或次国家级数据集的可用性以及处理数据的能力方面存在挑战，本指南采用了与《2006 年 IPCC 国家温室气体清单指南》中定义的类似的层级结构，其中“一个层级代表一个方法的复杂程度”（IPCC，2006），《联合国气候变化框架公约》第 20/CP. 7 号决议批准了这一层级结构的使用。

为了不与第 11/COP. 14 号决议中规定的为《联合国防治荒漠化公约》战略目标 3 建立指标和监测框架的分层方法相混淆，本指南中的脆弱性评估（vulnerability assessment，VA）的三个层次代表了计算 DVI 指数的方法复杂性和数据要求的增加程度，具体如下（图 14）：

第一层级 VA——每个脆弱性组成要素至少使用一个因素，由国家层面的指标表示。

第二层级 VA——每个脆弱性组成要素使用一个以上的因素，由国家层面的指标表示，并包括按性别分类的数据（如适用）。

第三层级 VA——每个脆弱性组成要素使用一个以上的因素，由国家以下各级层面的指标表示（可能是网格化的或行政区的），并包括按性别分类的数据（如适用）。

这种分级系统的一个主要优势是，缔约方能够选择当前最适合其收集与处理数据和/或数据可用性的方法。而该系统的主要缺点则是，如 ICCD/COP（14）/CST/7 和第 11/COP. 14 号决议中所定义的那样，使

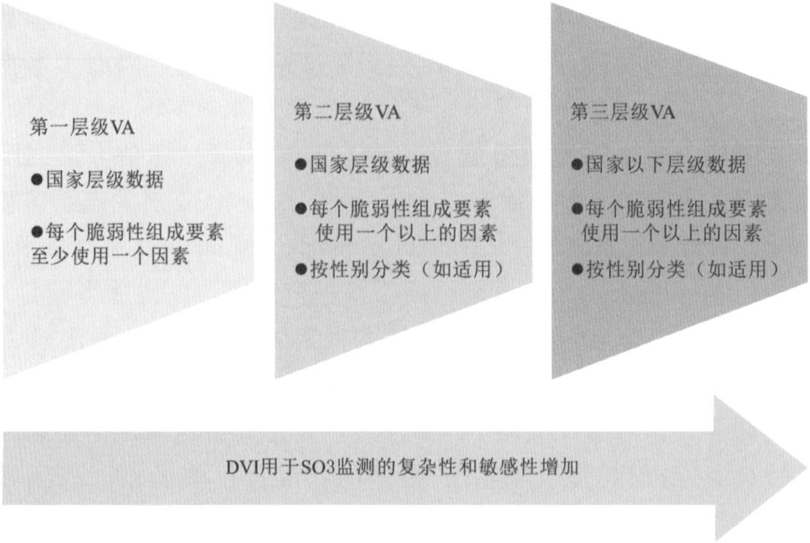

第一层级VA

●国家层级数据

●每个脆弱性组成要素至少使用一个因素

第二层级VA

●国家层级数据

●每个脆弱性组成要素使用一个以上的因素

●按性别分类（如适用）

第三层级VA

●国家以下层级数据

●每个脆弱性组成要素使用一个以上的因素

●按性别分类（如适用）

DVI用于SO3监测的复杂性和敏感性增加

图 14　计算干旱脆弱性指数所推荐的脆弱性评估等级

注：国家层面的数据是为整个国家提供的单一值，而国家以下各层级的数据是来自国内较小空间单位的数据。

用的因素数量越少，DVI 指数的“敏感性”就越低。因此，如果第一层级 VA 是缔约方的最佳办法，建议尽可能在推荐的最少三个因素的基础上增加用于得出 DVI 的因素数量。应在连续的报告进程中尽一切努力提高脆弱性评估的等级，从第一层级到第三层级，使缔约方能够按照《抗旱能力、适应与管理政策（DRAMP）技术框架指南》（Crossman，2019）的建议，通过提高脆弱性指数的“敏感性”和评估的精细度，制定最有效的干旱缓解、适应和抗旱计划。图 15 提供了一个简单的决策树，用于供缔约方判定它们应该执行哪一层级 VA，以及在 DVI 指数的敏感性方面，每一层级有哪些相对益处。

图 16 列出了计算 DVI 的组成要素的建议的因素，并突出显示了推荐用于最低层级 VA 的三个因素。3.4.2 节概述了为第一层级 VA 选择这三个因素的基本原理，有关第一层级 VA 和第二层级 VA 的建议数据来源的更多信息，请参阅表 14 和 3.3 节。

综合指标一般是通过多种因素的数学组合推导得出的，这些因素是确定所讨论的属性（在本例中是脆弱性）的结果并且没有共同的测量单位（Vogt et al.，2018）。因此，综合指标并不是衡量经济损失或社会损害的绝对指标。在本节中概述的 DVI 是一个相对统计量，它首先提供

了缔约方在评估时段内对干旱的社会经济脆弱性的概况。一个国家内的个人、家庭和社会所受到的态度、行为、文化、社会经济和政治影响不断影响着人口的脆弱性（UNISDR，2004）。因此，随着时间的推移，DVI 指数值可能会发生变化。这些数据可反映国家或区域抗旱减灾和适应性策略的效力，反过来又有助于制定脆弱性应对的未来规划。由于一系列与干旱管理完全脱节的社会和经济变化，DVI 也将随着时间的推移而变化，并可能受到 DVI 中未考虑的生态变化的影响（如上所述），因此在 DVI 变化演绎和归因时需要谨慎。

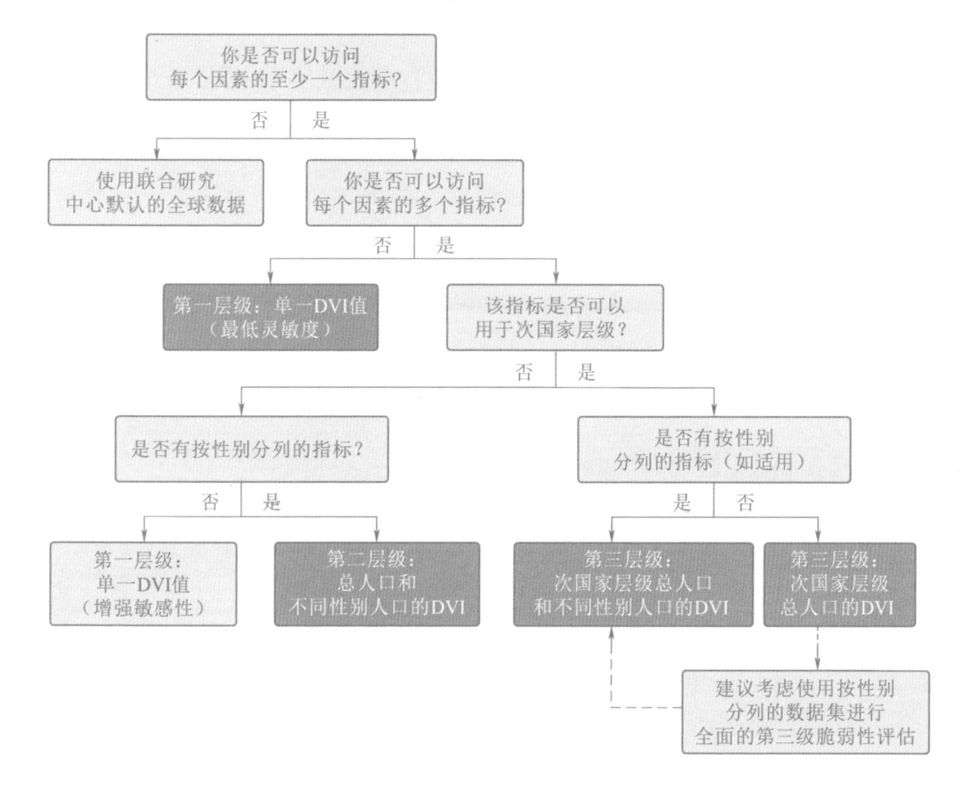

图 15　帮助缔约方根据数据可用性选择用于 3 级指标指示最佳的脆弱性评估级别的决策树

在下面几节中，将详细介绍计算 DVI 的方法和数据源，以及使用该方法和数据源的基本原理。本指南提供了单个缔约方如何利用自己的数据集加强其在脆弱性评估的各层级的评估和进展的指导意见，同时也概述了所推荐方法的局限性。

3.2 方法

本节介绍用于3级指标评估所推荐的DVI计算方法。总体上，DVI计算分为以下三个步骤：

（1）由缔约方选择纳入DVI的每个组成要素单个因素的归一化（图16）。

（2）采用选定的归一化因素计算脆弱性的社会、经济和基础设施组成要素。

（3）利用脆弱性三个组成要素的算术平均值计算DVI。

《联合国防治荒漠化公约》秘书处第22/COP.11号决议，将向没有可用数据来计算本指南中描述的最小一级VA（图14）的缔约方提供全球干旱脆弱性数据集。这些数据在3.3.2节中进行描述。

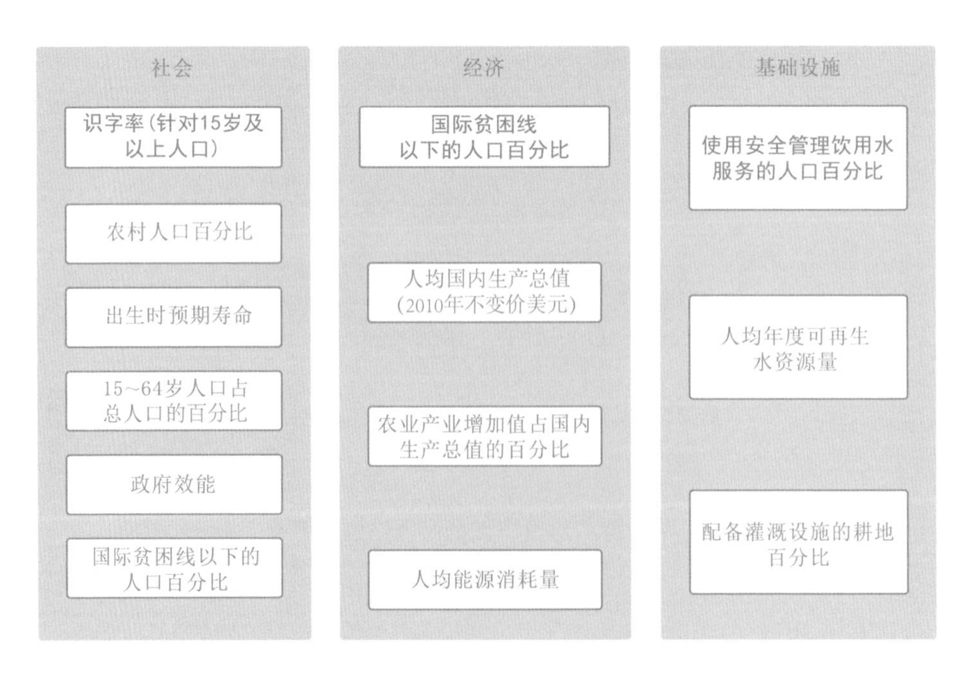

图16　用于计算干旱脆弱性指数（DVI）的社会、经济和基础设施组成要素及其相关因素

注：**绿色突出**显示的因素是推荐用于最低层级脆弱性评估（VA）的三个因素。

3.2.1　步骤 1：因素的归一化

在脆弱性评估的所有层级中，比较和汇总各要素之前，应该将其归一化处理，因为所使用的脆弱性因素都是使用不同的单位来测量的。采用的归一化方法来自文献 Naumann et al.（2014）。然而，虽然 Naumann et al. 对其研究中所有国家的数据进行了归一化，但在此建议使用缔约方包含报告期在内的所有历史数据的最大值和最小值进行归一化处理。这提供了尽可能大的范围，确保最大值和最小值具有代表性（或尽可能具有代表性；真正的代表性取决于可获得的数据点的数量），而且缔约方不需要获得所有国家的数据——更多信息见 3.4.3 节和 3.5 节。

每次计算 DVI 以评估第三层级指标时，应记录用于归一化每个因素的取值范围（即最小值和最大值）。如果在未来的报告期内，最小或最大因素值超出了前期报告时的范围，则应使用新的范围重新进行归一化，并重新计算基准期和前期报告期间的 DVI（如 3.2.4 节所述），以确保 DVI 随时间具有可比性。

下面给出两个方程，对与脆弱性相关的因素进行归一化。表 13 中列出了 13 个推荐因素与脆弱性的关系。

表 13　　13 个推荐因素与脆弱性的关系表

组成要素	与脆弱性正相关的因素	与脆弱性负相关的因素
社会	农村人口百分比 国际贫困线以下的人口百分比	**识字率（针对 15 岁及以上人口）** 出生时预期寿命 15～64 岁人口占总人口的百分比 政府效能
经济	**国际贫困线以下的人口百分比** 农业产业增加值占国内生产总值的百分比	人均国内生产总值（2010 年不变价美元） 人均能源消耗量
基础设施		**使用安全管理饮用水服务的人口百分比** 人均年度可再生水资源量 配备灌溉设施的耕地百分比

注： 第一层级 VA 的最小因素以粗体显示。

当因素与脆弱性之间存在正比/正相关关系（即因素值增加，脆弱性也会增加）时，应使用公式（2）对数据进行归一化处理。当因素与脆弱性之间存在反比/负相关关系时，应使用公式（3）对数据进行归一化处理。

$$\text{Fact}=\frac{X_i-X_{\min}}{X_{\max}-X_{\min}} \tag{2}$$

式中：Fact为归一化因素；X_i 为当前第 i 期的因素值；$X_{\min}$、$X_{\max}$ 为该因素从数据系列开始到当前评估期的历史最小、最大值。

$$\text{Fact}=1-\frac{X_i-X_{\min}}{X_{\max}-X_{\min}} \tag{3}$$

式中：Fact为归一化因素；X_i 为当前第 i 期的因素值；$X_{\min}$、$X_{\max}$ 为该要素从数据系列开始到当前评估期的历史最小、最大值。

归一化过程［使用公式（2）或公式（3）］意味着所有标准化因素（Fact）的值处于0到1之间，并且与国家第 i 期的历史最大值和最小值相关。

3.2.1.1 归一化按性别分类、次国家层级和网格化的数据

对于第一层级和第二层级脆弱性评估，建议使用按性别分类的因素（如适用）。按性别分类的因素的归一化应与只有国家级数据的因素的归一化方法相同，也就是说，一个数字代表整个国家，其中公式（2）和公式（3）分别用于与脆弱性呈正相关和负相关关系的因素。X_i 将是该国当前的性别特定因素值，$X_{\min}$ 和 $X_{\max}$ 为从开始到最近的数据收集时段对应的性别特定历史最小值和最大值；Fact为给出特定性别的标准化因素。

对于第三层级脆弱性评估，归一化将遵循上面所述的过程，但对于所使用的每个空间单元（如行政单元或网格单元，如适用）。X_i 将是空间单元的当前因素值，$X_{\min}$ 和 $X_{\max}$ 是截至当前评估期间的所有空间单元的最小值和最大值。Fact为给定空间单元的归一化因素。

3.2.2 步骤2：脆弱性组成要素获取

如果每个脆弱性组成要素（即社会、经济和基础设施）只使用一个因素，即最低层级脆弱性评估，则步骤1中导出的归一化值提供了 C_{social}、C_{economic} 和 $C_{\text{infrastructural}}$ 的值，应跳过步骤2。

如果每个组成要素使用多个因素，例如，在更拓展的第一层级，或第二层级和第三层级脆弱性评估的情况下，每个组成要素都在因素归一化后计算。这是通过计算指定组成要素的归一化因素的算术平均值来实现的，如公式（4）所示。

$$C_i=\frac{\text{Fact}_1+\text{Fact}_2+\text{Fact}_3+\cdots+\text{Fact}_n}{n} \tag{4}$$

式中：i 为组成要素类别（社会、经济或基础设施）；Fact 为组成要素 i 计算所用的因素；n 为所用因素的总数。

公式（5）展示了经济要素的计算示例。该公式列出了使用经济要素的所有四个脆弱性因素的方法（图16）。应确保这些因素的总和除以计算每个组成要素时使用的因素数量。

$$C_{\text{economic}}=\frac{\text{GDP}+\text{Poverty}+\text{Energy}+\text{AgGDP}}{4} \tag{5}$$

式中：GDP 为人均国内生产总值；Poverty 为国际贫困线以下的人口百分比；Energy 为人均能源消耗量；AgGDP 为农业产业增加值占国内生产总值的百分比。

3.2.2.1　脆弱性因素的权重及组成

本指南中所有脆弱性因素都被赋予相同的权重。而众所周知，取相同权重虽然是最简单的方法，但不能准确地反映国家的某一脆弱性因素在特定情况时的重要性。如果某一缔约方知道哪些脆弱性因素与其情况最相关，或有能力制定加权方案，建议将这些加权用于计算 DVI 时选定的脆弱性因素（如 Meza et al.，2020），以便最准确地反映其干旱脆弱性，详见 3.4.4 节。

在本方法中，脆弱性的三个组成要素的计算没有考虑权重。众所周知，此类应用没有完美的权重设置或聚合约定（如 Arrow，2012；Naumann et al.，2014）。这将在 3.4.4 节和 3.5 节中进一步讨论。

3.2.2.2　使用按性别分类、次国家层级和网格化的数据推导脆弱性组成要素

就像第二层级和第三层级脆弱性评估的情况一样，在使用按性别分类和非分类因素的组合计算各组成要素（C_{social}、C_{economic} 和 $C_{\text{infrastructural}}$）时，建议缔约方采用相应的归一化因素推导总人口和每个性别的组成要素。最终，计算总人口和每个性别的脆弱性指数。

如果缔约方使用次国家级数据和网格化数据进行第三层级脆弱性评估，则需要对每个组成要素的归一化因素进行叠加（如使用 GIS），以便使用上述方法在最小的空间尺度上推导出三个组成要素的值。如果某一因素的数据无法在较小的空间分辨率上获得，则应使用归一化的国家级数据。

3.2.3　步骤 3：干旱脆弱性指数计算

在所有层级的脆弱性评估中，应使用前面步骤中得出的三个组成要

素（C_{social}、$C_{economic}$和$C_{infrastructural}$）来计算干旱脆弱性指数（DVI）。DVI是三个干旱脆弱性组成要素的平均值（Carrão et al.，2016），见公式（6）。

$$DVI=\frac{C_{soical}+C_{economic}+C_{infrastructural}}{3} \tag{6}$$

公式（6）使用社会、经济和基础设施要素计算干旱脆弱性指数（DVI）。

DVI的取值范围为0～1，其中，1表示极度脆弱。在每个报告期，第一层级的脆弱性评估计算出国家级DVI。对于第二层级和第三层级脆弱性评估，缔约方应计算多个DVI，详见3.2.3.1节。

3.2.3.1 按性别分类、次国家级和网格化数据的DVI推导

对于使用按性别分类因素的第二层级和第三层级脆弱性评估，建议除计算国家级DVI外，还计算按性别划分的DVI。因此，缔约方在每个报告期间至少计算三个DVI值，即分别对应总人口、女性和男性人口的DVI。这会得出哪一类性别的人口更容易受到干旱影响的具体信息。因此，随着时间的推移，缔约方将能够评估每类性别以及总人口的脆弱性趋势。

对于已推导出次国家级或网格化组成要素的三个层级干旱脆弱性评估，建议使用最小空间单元计算DVI，见公式（6）。报告期全国的DVI的中位数结果应提交至《联合国防治荒漠化公约》。缔约方还可以使用其他统计数据（如最小值、最大值和平均值），以更好地了解该国内部和随时间变化的干旱脆弱性的空间变化及其取值范围。

对于三级干旱脆弱性评估，若可以获得以次国家级或网格单元的性别分类数据，建议缔约方采用所使用的最小空间尺度推算不同性别人口（总人口除外）的DVI。每种性别人口的DVI应采用上述每个报告期的统计结果以表格形式报告。

空间结果也应以空间尺度（如网格单元、行政区域等）的形式给出，以识别最脆弱人口的位置以及不同性别人口的位置。这些输出结果可用于与基准期的对比（如3.2.4节所述），以及为针对性的干旱管理和规划提供支撑。每个空间单元的DVI应当使用连续色标进行着色，即按从一种颜色到另一种颜色的线性比例将颜色分配给DVI值。有许多色标可供选择；然而，应尽量避免同时使用红色和绿色的色标（包括“彩虹”调色板），以确保色盲者能够理解地图（如Crameri et al.，2020）。在土地退化（SDG 15.3.1，2001—2015年）趋势可视化中使用了从绿色到紫色的连续色阶。因此，建议使用从绿色（0，不脆弱）到紫色（1，最脆弱）

的类似尺度绘制 DVI 分布图，如图 17 所示。

图 17　用于绘制 DVI 的连续色标示例

3.2.4　基准期的 3 级指标计算

本节介绍如何根据《联合国防治荒漠化公约 2018—2030 年战略框架》中所包含的所有战略目标的要求，为《联合国防治荒漠化公约》（UNCCD）2000—2015 年基准期确定 3 级指标的基线。计算这一时期 3 级指标的 DVI 值将与未来干旱脆弱性评估进行比较，从而为缔约方了解其干旱脆弱性随时间的变化提供基线。例如，战略目标 3 监测结果是随着时间的变化而减少、增加还是保持稳定，以及为其他战略目标提供基础。此外，基准期还可以用来校验 DVI 指数的敏感性。

3 级指标基线应在缔约方首次将 3 级监测纳入提交 UNCCD 的国家报告时计算。

在某些情况下，可能需要重新计算基准期（及以往任何报告期），以确保 DVI 可随时间进行比较，以监测 3 级指标：

（1）当因素的最大值或最小值发生变化，数据重新归一化时。

（2）当评估能力和/或数据可用性的提高使缔约方能够提高脆弱性评估的级别，从而改变 DVI 计算中使用的因素数量时。

（3）当使用不同的数据集时（如数据源变化和/或改进，或以前使用的数据集不能再使用）。

（4）当用于推导或评估战略目标 3 监测的 3 级指标的方法在未来发生变化时。

在以上情况下，DVI 应当从基准期到当前报告期进行重新计算。除当前报告期间的 DVI 外，所有重新计算的 DVI 都应当提交 UNCCD。

当一个因素的最大值或最小值发生变化时，应使用 3.2.1.1 节中描述的方法重新归一化数据，使用 3.2.2 节中的方法重新计算组成要素，使用 3.2.3 节中的方法重新计算 DVI。

在随着缔约方脆弱性评估级别的提高而添加因素的情况下，应尽可能选择包括基准期（即 2000—2015 年）记录的数据集。

建议缔约方记录每个 DVI 组成要素所使用的因素和数据集，以及用于使每个因素正常化的范围，以确保 DVI 和 3 级指标在一段时期内具有可比性。

为了计算基线，3.2节中概述的方法步骤应采用最适合缔约方的脆弱性评估层级，在基准期的每个四年间隔（2000—2003年、2004—2007年、2008—2011年和2012—2015年）中完成（见3.1节）；如果是第三层级脆弱性评估，DVI应在相关空间尺度上进行映射（参见3.2.3.1节）。

计算基准期的四个DVI还使缔约方有机会对照同期干旱的社会经济影响的国家数据，核实其DVI（以及其中使用的因素）的敏感性。这反过来又使缔约方能够调整其在DVI计算中使用的脆弱性因素组合，以更好地反映其总体脆弱性（更多信息见3.5节和附录A）。

再次重申，如果所用数据集未来有任何变更，都需要重新计算从基准期开始的所有DVI。缔约方在提高脆弱性评估层级（因此使用额外因素）和/或改变用于计算干旱脆弱性指数的数据集时，应努力全面记录数据集和相关假设的变化。这是为了确保在考虑一段时期的DVI值时，对该国干旱脆弱程度趋势的解释仍然具有可比性。

3.3 数据来源

图16列出了每个组成要素的脆弱性因素，应使用这些因素得出干旱脆弱性指数（DVI）。这些因素的选择在3.4.2节中进一步阐述。

主要考虑以下三个主要标准的符合情况，为每个脆弱性因素选择数据源（图18）：

（1）由国际组织主办，负责数据收集、维护和定期更新。

（2）适用于所有国家（或大多数国家）。

（3）要公开可用。

这是对第11/COP.14号决议中关于统一/可比性、敏感性、预备程度、按生理性别分列的潜力和适应性的标准的补充（见图2）。在可能的情况下，优先考虑已经收集并用于现有报告活动的数据集（表14）。

通过引入脆弱性评估等级（图14），缔约方可根据其可获得的数据，选择计算其脆弱性指数的最佳途径（图15）。这一制度提高了缔约方的“敏感性”和“适应性”，同时鼓励按照第11/COP.14号决议规定的标准改进“可比性”和“预备程度”。

需要国家级统计数据的第一层级和第二层级脆弱性评估更容易通过

世界银行开放数据库和粮农组织 Aquastat 数据库获得。然而，全球现有的第三层级脆弱性评估数据有限，因此，缔约方应探索国内（或区域）数据的可得性，以便能够进行次国家级的、按性别分类的脆弱性评估。

第一层级脆弱性评估至少需要三个因素，每个因素对应一个脆弱性组成部分。选择最低一级脆弱性评估的推荐因素是因为它们在大多数科学文献（表 15）中使用，并用于其他报告要求，如战略目标 2（SO2）和可持续发展目标（SDG），如下所示：

社会：识字率（针对 15 岁及以上人口），这一指标的一个版本用于可持续发展目标指标 4.6.1；

经济：国际贫困线以下的人口百分比，可持续发展目标指标 1.1.1 和战略目标 2（SO2）都使用这一指标；

基础设施：使用安全管理饮用水服务的人口百分比，这在可持续发展目标指标 6.1.1 和战略目标 2（SO2）中都有体现。

这种简单的方法受到了获取数据、分析和向《联合国防治荒漠化公约》报告战略目标 3 监测情况等方面的实际挑战。然而，认识到脆弱性的复杂度，以及适应能力和应对能力之间的相互作用，没有一个因素能够真正代表社会对干旱的脆弱性。许多文献在全球/区域干旱脆弱性评估中使用了 15 个（Carrão et al.，2016）到 64 个（Blauhut et al.，2016）因素。在图 16 中介绍并在表 14 中进一步阐述的 13 个因素，已在全球科学研究中使用，因此，建议在可能的情况下完全使用它们，以更全面地评估每一层级的脆弱性，如 3.2 节所述。如果缔约方拥有更多信息或更适用于自身情况的数据集，只要符合 3.3.1 节规定的标准，就建议采用这些数据集。然而，对于第三层级脆弱性评估，表 14 中的许多数据集并不适用，因为它们在国家以下层级不可用。Pricope et al.（2020）描述了可用于第三层级脆弱性评估监测的全球可用数据集。但是，由于许多数据没有定期维护和/或更新，目前不建议将其用于第三

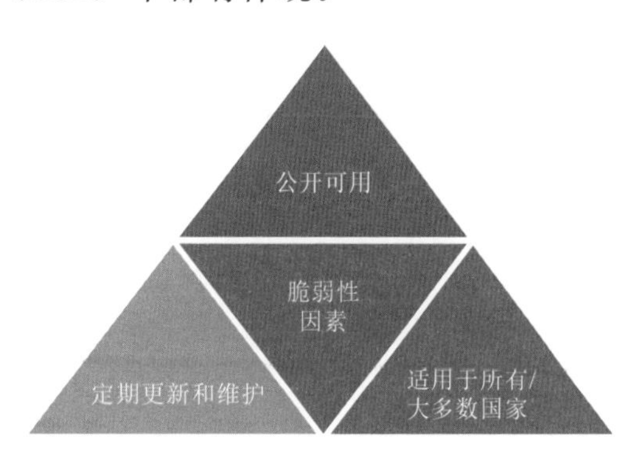

图 18　为脆弱性因素选择数据源时的三个主要标准

层级脆弱性评估，因此，国内数据可能更合适。

3.3.1 国家/区域数据产品的使用

表14突出显示了用于计算DVI所需因素的潜在数据集。这些数据可免费获得，覆盖面广泛，遍及全球。如果缔约方能够获得国内数据集，且差距更小，历史范围更大，可以作为所建议数据集的近似替代，则应使用这些数据集。此外，鼓励缔约方使用自己的/区域特有的数据集，这些数据集在地方层级可提供更高的空间分辨率和验证。因此，这些数据可以提供更全面的脆弱性评估，更好地反映一国的社会经济状况，减少与全球数据相关的不确定性，提高对结果的信心（Mondal et al.，2012）。

表14 用于计算国家级DVI的脆弱性因素建议清单

因素	因素单位	用于第二层级和第三层级脆弱性评估的按性别分类数据	数据源	备注
社会				
*识字率（针对15岁及以上人口）（分为总人口、男性人口与女性人口的识字率）	%	是	世界银行开放数据	替代数据集：SDG指标4.6.1
农村人口百分比	%	否	FAO Aquastat数据	粮农组织Aquastat数据库提供
出生时预期寿命（分为总人口、男性和女性的出生时预期寿命）	年	是	世界银行开放数据	
15～64岁人口占总人口的百分比	%	是	世界银行开放数据	15～64岁人口的比例应使用总人口（或使用按性别分类的数据时使用男性总人口/女性总人口）得出

续表

因　素	因素单位	用于第二层级和第三层级脆弱性评估的按性别分类数据	数据源	备　注
政府效能		否	全球治理指标	−2.5（弱政府）到2.5（强政府）；替代数据集：可持续发展目标指标16.6.1
按庇护国或庇护领地划分的难民人口占总人口的百分比	%	否	世界银行开放数据	难民人口可通过世界银行开放数据库查阅。难民人口占总人口的百分比应使用总人口计算
经　济				
* 国际贫困线以下的人口百分比	%	否	世界银行开放数据	SDG指标1.1.1 可能和建议的性别分类替代方案：《联合国荒漠化公约》战略目标2（SO2）指标1报告中概述的收入不平等
人均国内生产总值（2010年不变价美元）	2010年不变价美元	否	世界银行开放数据	替代数据集：SDG指标8.1.1
农业产业增加值占国内生产总值的百分比	%	否	FAO Aquastat数据	粮农组织Aquastat数据库
人均能源消耗量	kg/人	否	世界银行开放数据	注意，总能耗（单位Btu）可通过环境影响评估（EIA）获得。总能耗除以总人口而即为人均能源消耗量
基　础　设　施				
* 使用安全管理饮用水服务的人口百分比	%	是	供水、环境卫生和个人卫生联合监测方案(JMP)	SDG指标6.1.1。所有国家都可以按居住地（城市/农村）和社会经济地位（财富、负担能力）分列。按其他不平等分层因素（国家以下各级、性别、弱势群体等）分列仅在数据允许的情况下可用

续表

因　素	因素单位	用于第二层级和第三层级脆弱性评估的按性别分类数据	数据源	备　注
配备灌溉设施的耕地百分比	%	否	FAO Aquastat 数据	具有灌溉设备的耕地面积除以耕地总面积
人均年度可再生水资源量	m^3 /(户·年)	否	FAO Aquastat 数据	粮农组织 Aquastat 数据库

注：用于第一层级脆弱性评估的最低推荐因素用＊标示。综合这里列出的因素，建议用于拓展的第一层级脆弱性评估（没有性别分类）和第二层级脆弱性评估。

然而，如果使用国内数据集计算 DVI，这些数据集应符合以下若干基本标准，以确保各报告缔约方和各时期的质量一致性。

（1）数据需要以表 14 中规定的单位给出，或允许转换为这些单位，确保指标对所有缔约方保持通用和有效。

（2）数据需要有相关的时间范围和分辨率，包括计算基线 DVI 的历史时期，并对其进行归一化。

（3）方法和数据来源需要记录和验证，明确说明这些数据是如何得出的，以及用于得出每个数据集最终结果的计算方法。

（4）数据需要有与数据集和报告期相关的适当更新频率，确保可以选择在未来报告年使用类似的衍生数据集。

（5）在相关情况下，数据应能够按性别分类。

（6）对于空间分辨率较高的数据集，这些数据应满足以下两点要求：①在可能的情况下，应采用国家以下层级的分辨率，空间分类应具有政策相关性和可操作性（Sims et al.，2021；Pricope et al.，2020）；②应在空间上完整，涵盖报告缔约方的全部地理范围，缺失数据尽可能少。

3.3.2　默认的全球数据产品

如果缔约方没有可用数据来计算本指南中所述的最低层级的脆弱性评估（图 15），则《联合国防治荒漠化公约》秘书处将按照第 22/COP.11 号决议的指示，向缔约方提供基准期和第一个报告期干旱脆弱性的全球

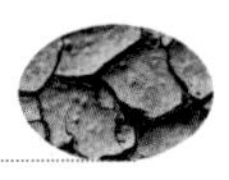

默认数据集。全球DVI数据集是基于Carrão et al.（2016）的方法，由欧盟委员会（EC）联合研究中心（JRC）编制。

全球DVI数据集可在《联合国防治荒漠化公约》干旱工具箱中查看，该工具箱是根据《联合国防治荒漠化公约》第十三次缔约方大会的要求开发的，目的是支持干旱利害关系方制定国家干旱政策计划。干旱工具箱有三个模块，其中一个涉及干旱脆弱性和风险评估，包括干旱风险评估可视化工具。该工具托管预先计算的DVI数据集，综合了2000—2018年期间全球干旱灾害、暴露、脆弱性和风险数据。所有数据都由JRC提供。干旱工具箱采用Carrão et al.（2016）描述的15个脆弱性因素进行计算。

在工具箱中用于推导预先计算的DVI的方法被用于计算本指南中的3级指标，在归一化方法和所包含的因素数量方面存在一些关键差异。

工具箱中用于因素归一化的计算公式与3.2.1节中使用的公式相同。但是，对于预先计算的DVI，每个因素都是使用全球最大值和最小值进行归一化的，而本指南中推荐的归一化方法则是使用给定国家每个因素的记录数据期进行的。如3.4.3节所述，在全球范围内的归一化（如预先计算的DVI中所用）意味着所产生的脆弱性评估对当地/国内情况的敏感性低于使用国家范围时的敏感性。

除两个因素外，预先计算的DVI中使用的数据集与本指南中推荐的数据集相同。工具箱中的“防灾和救灾（美元/年/资本）”和“全球可达性地图：到主要城市的旅行时间”，这些都不包括在本指南中，如3.4.2节所述。

缔约方可选择使用干旱工具箱中预先计算的DVI，或使用本指南中描述的方法，使用全球或国内数据集计算DVI。在使用预先计算的DVI的情况下，缔约方将报告基准期和第一个报告期的同一组数值。

如果使用默认DVI数据进行3级指标报告，则应向UNCCD报告全国的DVI中值，以便进行三级报告。请注意，这将是整个2000—2018年期间（即合并基准期和第一个报告期）的中位DVI值。缔约方还可使用其他统计数据（如最小值、最大值和平均值），以便更好地了解国内和一段时间内干旱脆弱性的空间变化和范围。

预先计算的DVI目前是2000—2018年期间的静态数据集。计划在2021年晚些时候进行更新，可用于未来报告进程中3级指标的国家级评估。但是，建议在连续评估流程中努力提升脆弱性评估层级，如3.2节所述。在这种情况下，应使用选定的脆弱性评估层级重新计算基准期和首个报告期的DVI，以确保DVI值具有可比性，并可按照3.2.4节所述评估脆弱性程度的趋势。

3.4 基本原理与说明

3.4.1 使用DVI方法的原理

第11/COP.14号决议规定，3级指标应当是“造成干旱脆弱性的相关经济、社会、自然和环境要素的综合指数”。

在文献中，有一些方法可以在不同的空间和时间尺度上量化脆弱性（如Hagenlocher et al.，2019；Blauhut，2020）。Naumannet et al.（2014）提出了泛非洲层面的综合脆弱性指数，其中脆弱性的多层面概念被分为不同的分组或组成部分，包括可再生自然资本、经济能力、人力和公民资源以及基础设施和技术。在这些组成部分中有17个代表性变量，Naumann et al. 假设，一个具有机构能力和协调能力以及公众参与机制的社会不太容易受到干旱的影响。各组成部分的定义依据的是每项指标（变量/因素）与政策制定的相关性以及数据集的整个统计结构。

Carrão et al.（2016）进一步发展了该方法，提出了一个全球尺度的干旱风险测绘框架。该研究列出了表示一个地区的社会、经济和基础设施要素的因素。Carrão et al. 指出，这些要素内的指标必须代表干旱脆弱性因素的数量或质量（一般的或特定于某些受影响的因素），公共数据需要在全球范围内免费提供，以确保最终结果可以用新数据加以验证、复制和改进。

Meza et al.（2020）在全球范围内对灌溉和农业系统的干旱风险进行了综合评估工作，从社会生态系统的角度，使用社会生态敏感性和缺乏应对能力指标来评估脆弱性。这基本上是建立在Carrão et al.（2016）的工作基础上，针对以农业为主要产业、更易受干旱影响的地区调整脆弱性指数。

对于本指南，需要一种已通过验证和评估的方法。该方法的框架还需要促进因素使用和数量的灵活性，允许在数据不可用或不适合评估的情况下采用更适合的方法，如推荐的脆弱性评估方法层所反映的那

样（见3.2节）。

选择Carrão et al.（2016）提出的框架是因为它符合这些标准。这一框架也遵循了联合国减灾战略（2004）提出的干旱脆弱性框架；也就是说，它从应对和/或减少干旱影响的能力角度，反映了一个地区个别和集体的社会、经济和基础设施要素的状况。因此，该方法采用全球方法，利用在国家和国家以下层级收集的社会、经济和基础设施指标的高水平要素。其中，包括了反映短期和长期适应能力的脆弱性的多个方面，人们认为这些方面应反映在用于推导DVI的脆弱性因素中。

值得注意的是，脆弱性取决于分析的背景，而使系统易受自然灾害影响的因素取决于系统的性质和所讨论的灾害类型（Cutter et al.，2003）。在构建常见干旱脆弱性数据集时，了解最常用的脆弱性因素非常重要（González Tánago et al.，2016），而Naumann et al.（2014）和Carrão et al.（2016）使用的同一组因素是我们在本指南提出方法的出发点。然而，该框架也允许具有一定程度的灵活性，可根据因素在评估缔约方脆弱性时的可用性和相关性，选择添加或删除因素（Naumann et al.，2014；Meza et al.，2020）。

附加因素（用于第一、第二和第三层级脆弱性评估）的选择依据是其在文献中的应用（表15），如果专家认为这些因素对理解脆弱性至关重要（Meza et al.，2019），或者这些因素被纳入Pricope et al.（2020）的报告，这些因素就会被选择。表15列出了推荐因素与使用这些因素或将其作为重要因素引用的出版物。本指南中推荐的方法还可能允许在未来为更综合的评估添加生态系统的因素，这将在附录A中进一步讨论。

表15　以往干旱风险和脆弱性评估研究中使用的因素统计表

因素	Carrão et al.（2016）	Naumann et al.（2014）	Meza et al.（2020）	Blauhut et al.（2016）	Crossman（2019）	Pricope et al.（2020）	Meza et al.（2019）
研究重点	全球	非洲	农业系统	欧洲		战略目标3监测	农业系统与供水
社会							
识字率（针对15岁及以上人口	√	√	√	√（教育）	√	√	√

续表

因素	Carrão et al.（2016）	Naumann et al.（2014）	Meza et al.（2020）	Blauhut et al.（2016）	Crossman（2019）	Pricope et al.（2020）	Meza et al.（2019）
农村人口百分比	√		√		√		√
出生时预期寿命	√			√（人类健康和公共安全）	√	√	√（农业系统）
15～64 岁人口占总人口的百分比	√	√	√	√（人口年龄）	√	√	√
政府效能	√	√	√		√	√	√
按庇护国或庇护领地划分的难民人口占总人口的百分比	√	√			√	√	√（供水）
经　　济							
国际贫困线以下的人口百分比	√（$1.25/d）	√（$1.25/d）	√（国家贫困线）	√（经济财富和低工资收入）	√	√（MPI/DHS 财富指数[①]）	√（国家贫困线）
人均国内生产总值（2010 年不变价美元）	√	√	√	√	√	√	√
农业产业增加值占国内生产总值的百分比	√	√			√		√
人均能源消耗量	√	√	√（水力发电）		√		√（供水与水力发电）

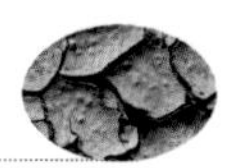

续表

因素	Carrão et al.（2016）	Naumann et al.（2014）	Meza et al.（2020）	Blauhut et al.（2016）	Crossman（2019）	Pricope et al.（2020）	Meza et al.（2019）
基础设施							
使用安全管理饮用水服务的人口百分比	√（获得改善水源的农村人口百分比）	√（无法获得改善水源的人口）	√（改善水源）	√（多个数据集）	√	√（使用安全管理饮用水服务的人口）	√（无法获得清洁水源的人口）
配备灌溉设施的耕地百分比	√（农业和灌溉用地）	√		√（灌溉）	√	√	√
人均年度可再生水资源量	√（留存可再生水）		√	√（多个数据集）	√		√（留存水）

① 多维贫困指数（multidimensional poverty index，MPI）是一个由健康、教育和生活水平三个维度组成的分数，用于评估个人层面上的多维贫困，其中衡量的是缺乏而不是拥有。MPI是由Alkire和Santos（2014）开发的。人口健康调查（demographic health surveys，DHS）财富指数是根据人口健康调查家庭调查表收集的有关资产的数据，是对家庭累计生活水平的综合衡量。

3.4.2 脆弱性因素选择的原理

干旱脆弱性指数（DVI）的要求是“敏感性得分最高，而且……（具有）最大的‘性别分解’能力”［ICCD/COP（14）/CST/7］。作为一个综合指标，这意味着所选择的因素需要获得类似的得分，以使最终产品DVI对各国有用，并朝着战略目标3——“通过减缓、适应和管理干旱影响，增强脆弱人群和生态系统抵御干旱的能力”而努力，更具体地说，就本全球指标而言，实现“预期影响3.2：增强社区抵御干旱的韧性”。

由于实施这一方法以定期分析并向《联合国防治荒漠化公约》报告战略目标3监测存在实际挑战，因此建议至少用三个因素［每个因素代表一个因素（社会、经济和基础设施）］作为制定指数的起点。因此，重要的是在不久的将来应用“适应性”标准，以确保该指标“随着监测和评价工作的成熟，重新评估其合理性，以及其在决策中的用处，因为需求可能改变，科学工具可能改进”［ICCD/COP（14）/CST/7］。

对于最低一级脆弱性评估，我们提出了三个核心因素：识字率（针对15岁及以上人口）、国际贫困线以下的人口百分比和使用安全管理饮用水服务的人口百分比。之所以选择这三个因素，是因为专家认为这些指标对于了解农业系统和供水的脆弱性至关重要（Meza et al.，2019），而且这些指标已被用于全球和区域脆弱性研究的科学文献中（Naumann et al.，2014；Blauhut et al.，2016；Carrão et al.，2016；Meza et al.，2020），见表15。这三个因素的数据也向缔约方公开提供（表14），国际贫困线以下的人口百分比和使用安全管理饮用水服务的人口百分比数据集用于其他报告目的，所有数据集都由负责定期收集、维护和更新数据的组织/机构托管。

建议的第一层级脆弱性评估经济因素是国际贫困线以下的人口百分比，指根据2011年国际价格估计，每天生活费低于1.90美元的人口比例。它是可持续发展目标1.1.1指标，也用于战略目标2报告。贫困人口生活的地区和条件更有可能增加他们的风险，使他们更容易遭受自然灾害的影响，同时降低他们的应对和适应能力（Hagenlocher et al.，2019；Winsemius et al.，2018）。因此，这一因素与脆弱性呈正相关关系，因为通过消除贫穷，可以减少一般人口的脆弱性和对干旱的脆弱性。这一指标为制定降低风险和灾害管理战略提供了基本信息（Hagenlocher et al.，2019）。推荐的第一层级脆弱性评估社会因素，即识字率（针对15岁及以上人口），是指15岁及以上人口中能够读、写并理解、简短陈述关于他们日常生活的人口的百分比。教育积累的成果是智力进一步增长、社会和经济发展的基础。“有文化的妇女”一词意味着妇女能够寻求和使用信息改善健康、营养和教育他们自己及他们的家庭成员，并被授权扮演一个有意义的角色。因此，这一因素与人口的脆弱性呈负相关关系，因为识字率较高的人口将更有能力应对干旱和执行减轻干旱及适应干旱的战略。最后，推荐的第一层级脆弱性评估基础设施因素，即使用安全管理饮用水服务的人口百分比，是可持续发展目标指标6.1.1，该指标报告了一个国家可获得无粪便污染的水源的人口百分比，这些水来自水龙头和管道、地下水开采、受保护的泉水和/或包装水、输送水和雨水，并在需要时可用。该变量的值越高，意味着可向更多的人提供安全用水，这反过来又有助于儿童生存、孕产妇和儿童健康、家庭福祉和经济生产力。因此，该变量与脆弱性呈负相关关系，持续努力改善可持续发展目标指标将直接提高人口对干旱的抵御能力和应对能力。

综上所述，这些表征本指南的DVI中的经济、社会和基础设施组成

要素的因素将提供一个高度简化的国家社会经济脆弱性随时间变化的快照。最低一级脆弱性评估值在反映国家脆弱性程度趋势和国家/区域脆弱性减缓以及适应规划的长期效力方面的“敏感性”将受到限制，主要原因有两个：首先，由于所提的方法，组成要素（每个组成要素由一个因素组成）在默认情况下具有相同的权重，因此，具有较小范围的因素数据集将对组成要素的计算和最终的 DVI 产生重大影响；其次，仅使用三个因素还没有得到科学验证。因此，建议缔约方努力实现拓展的第一层级脆弱性评估，或者更好的做法是转向已在文献中得到验证的第二层级或第三层级脆弱性评估（Naumann et al.，2014；Carrãoet al.，2016；Meza et al.，2020）。其余 10 个脆弱性因素[1]及其与干旱脆弱性的相关性在 GPG 的“定义”一节中概述。

本指南中包括的脆弱性因素的选择遵循 Carrão et al.（2016）的方法。然而，本指南并未使用 Carrão et al.（2016）文献中的所有脆弱性因素，其原因如下：

在 Carrão et al.（2016）文献中，公路密度（每 100km^2 土地的公路千米数）被用作基础设施脆弱性因素。全球道路开放获取数据集（gROADS）v1（1980—2010 年）、GRIP 全球道路数据库或开放街道地图数据提供了各国公路的长度，但由于两个原因没有被考虑在内：①这些信息没有在其他研究中使用，例如表 15 中的研究；②一个国家或地区获得这些信息的方法具有挑战性。

防灾和救灾被用作脆弱性的社会因素。它指的是一个国家每年为预防灾害而储备的资金数额，包括但不限于与干旱有关的灾害。虽然表 15 中引用的一些文献建议使用该数据集，但经合组织（OECD）已不能像以前那样使用该数据集（在全球范围内也存在数据覆盖问题，仅与经合组织国家相关）。EM－DAT 国际灾害数据库可提供大致相同的数据，但目前还没有以同样的方式将其系统化。如果可以将特定干旱信息与经济损失总额分开，则可以使用可持续发展目标指标 1.5.2。然而，估计干旱造成的经济损失可能是有问题的（UNISDR，2017），需要探索和验证是否容易引入针对干旱的报告。

---

[1] 农村人口百分比、出生时预期寿命、15～64 岁人口占总人口的百分比、政府效能、按庇护国或庇护领地划分的难民人口占总人口的百分比、人均国内生产总值、农业产业增加值占国内生产总值的百分比、人均能源消耗量、人均年度可再生水资源量、配备灌溉设施的耕地百分比。

3.4.3 归一化方法的原理

脆弱性因素的归一化仅使用从报告缔约方取得的历史数据。这与Naumann et al.（2014）和Carrão et al.（2016）采用的方法不同，后者指标值是根据“全球”或“区域”范围进行归一化的。偏离这些科学报告的方法是有必要的，因为缔约方没有现成的全球或区域数据集，无法在连续的报告期内进行归一化，而且为制定指数建议的其他归一化技术（OECD and JRC，2008）被认为不适合用于本指南。“全球”归一化方法的另一个问题是使用了更大的地理范围或区域。脆弱因素的性质意味着一些国家对某些因素比其他国家更敏感。根据国家间的共性来确定一套地理边界，增加了该方法的主观性因素，同时还增加了这些地理区域之间比较价值的问题，在某些情况下，比较价值是微不足道的。

3.4.4 本指南中脆弱性因素和组成要素的加权类型及理由

以往关于干旱或其他灾害脆弱性的研究根据脆弱性因素对总体脆弱性的贡献进行加权。然而，正如3.2.2.1节所解释的，本指南中对DVI的单个脆弱性因素不进行加权：即所有因素的权重相同。对各因素采用同等权重是最简单的方法，但可能无法准确反映一个国家的干旱脆弱性（Crossman，2019）；这将在3.5节中进一步讨论。然而，在这里对因素应用相等权重的选择是基于缺乏商定的权重因素的方法/惯例（Naumann et al.，2014）或全球可用的要素权重数据集。

同样，由于缺乏商定的权重或集成约定，没有对组成要素应用权重（Arrow，2012；Naumann et al.，2014）。由于各组成要素的权重对DVI值有直接影响，这一过程需要根据各组成要素对有关缔约方的重要性来确定。因此，考虑到本指南的目的，这里的方法指定使用同等权重的因素。

3.4.5 DVI结果输出说明

这里用于战略目标3监测的复合DVI可指示国家是极脆弱（DVI值=1）还是不脆弱（DVI值=0）。由于因素归一化所使用的方法（即采用国内历史数据），DVI值不应在国家之间进行比较。

缔约方可以评估个体的、归一化的脆弱性因素和（或）社会、经济

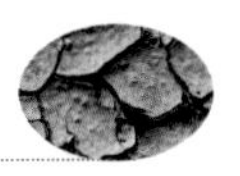

和基础设施要素，以确定其易受干旱影响的根源。在这种情况下，拓展的第一层级和第二层级脆弱性评估比最低层级脆弱性评估更具优势，为脆弱性评估提供了更多背景，并有助于确定缓解和适应计划的目标。第二层级脆弱性评估可以提供按性别分类的脆弱性评估，这对识别性别差异至关重要。第三层级脆弱性评估可通过突出一个国家的脆弱性热点（在空间上和适用情况下按性别划分）来提供额外的敏感性，这意味着缓解和管理活动（King - Okumu）可以针对那些最脆弱的群体，也就是当与 2 级指标一起考虑时，最容易遭受干旱影响的群体。

用于报告基线的 3 级指标的 DVI 值提供了过去干旱脆弱性的记录，可与未来的干旱脆弱性进行比较，使缔约方能够评估易受干旱影响程度随着时间的推移是增加、减少还是保持不变。对于拓展的第一层级、第二和第三层级脆弱性评估，有可能看到在同一时期内是否有任何缓解或政策变化降低了对干旱的总体脆弱性。请注意，如果使用 3.3.2 节所述的全球默认数据，则仅报告 2000—2018 年期间的 DVI 中值，这意味着无法评估基准期与第一个报告期之间的脆弱性变化。

3.5　评价与局限性

本指南中提出的 DVI 是使用在其应用的地理尺度上经过验证的方法和全球数据集推导出来的（Naumann et al.，2014；Carrão et al.，2016；Vogt et al.，2018）。但是，这种方法尚未在地方或国家范围内得到验证，因此，无论是就与每个国家最相关的因素而言，还是就最有效的因素加权办法而言，都可能无法准确地描述这些范围内的脆弱性。正如 González Tánago et al.（2016）以及后来的 Blauhut（2020）所概述的那样，全球仍有一些地区的干旱脆弱性和风险评估尚未完成。

如 3.4.3 节所述，所提议的归一化方法适用于国内比较，以便随着时间的推移，评估该国干旱脆弱性相对程度的趋势，并确定该缔约方在实现战略目标 3 方面的进展情况。不应在区域或全球层级对各国进行比较，因为这些因素没有使用相同范围的数据进行归一化。除此之外，用于归一化因素的数据范围很小（可能是由于数据记录缺失或序列过短），随着时间的推移，数据集中的微小变化可能会导致指数的较大变化，这对于最低一级（即第一层级）脆弱性评估来说尤其成问题，因为每个组成要素只使用一个因素来计算 DVI 值。因此，建议需要从第一层级脆弱性评估开始的缔约方使用具有大数据范围的数据集。

另一个需要考虑的是因素数据的分布。理想情况下，每个因素的数据在其范围内应该是正态分布（即具有高斯分布），以便在 3.2.1 节中描述的归一化方法中使用。但是，在归一化步骤之前将数据转换为适合正态分布并不包括在本指南中。这是因为为了选择合适的转换方法，需要了解一个因素的数据分布特征（这可能因各个因素和各个国家而异）。然而，只要有能力，缔约方可选择将每个因素的数据分布（如适用）转换为正态分布，然后按照 3.2.1 节概述的步骤对因素数据进行归一化。可以用统计检验法测试每个因素的分布，之后采用适当的数据转换。例如，可参阅 Heumann et al.（2016）文献、R 编程语言“best Normalize”包和相应的文档或其他在线材料，以获得用于描述和转换数据的方法示例。

如 3.3 节所述，可用于计算 DVI 的因素在可用性、周期性和地理范围方面各不相同。可能仍有一些缔约方无法获得此处建议的所有因素（表 14）或找到类似的衡量标准，这就是脆弱性评估层级允许灵活处理脆弱性因素的数量和组合的原因。然而，根据 ICCD/COP（14）/CST/7 中的定义，DVI 对战略目标 3 监测的“敏感性”对于最低一级脆弱性评估而言最低（即每个组成要素只有一个脆弱性因素）。如 3.3.2 节所述，当缔约方需要使用默认的全球 DVI 数据时，如果它们决定在未来的报告过程中恢复到本指南中推荐的数据集或代理数据集，那么它们随时间比较其 DVI 值的能力将受到影响。需要重新计算从基准期开始的所有 DVI 值。此外，缔约方可能会发现在评估当地情况时，全球 DVI 估计值的敏感性低于使用国家级数据和本指南建议的方法计算 DVI 的敏感性。

需要重申的是，如 3.2.2.1 节和 3.4.4 节所述，没有对脆弱性因素进行加权。做出这一决定是因为任何加权都会影响国家最终的 DVI 值，并且每个组成要素的重要性会因国家而异。本指南的目的是提供一种适合于所有国家战略目标 3 报告的 DVI 方法，目前在科学文献中没有统一的加权方法（Naumann et al.，2014；Carrão et al.，2016；Hagenlocher et al.，2018；Meza et al.，2020）。

为进一步提高 DVI 对战略目标 3 的“敏感性”，可考虑纳入以下一项

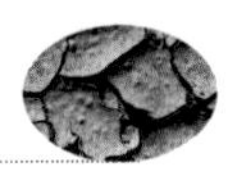

或多项建议：

（1）遵循3.2节中所述的脆弱性评估层级的进度。如有可能，建议使用与更广泛的数据集相当的本地网格化数据集，这些数据集能够更好地获取局部模式或跨地区、行业和人口的差异，以便识别脆弱性热点（Naumann et al.，2014；Vogt et al.，2018；Crossman，2019；Pricopeet al.，2020）。但是，也建议在所有报告中明确选择可比数据集时所采用的基本假设，以确保透明度并增加“可比性”（González Tánago et al.，2016）。专家和利益相关方参与确定地方层级受干旱影响最大的特征因素和部门也很重要。此外，建议进行简单的定性或统计相关分析，以确定添加的任何新因素与推荐列表上的因素之间的多重共线性（表14；Hagenlocher et al.，2018；Meza et al.，2020）。如果两个或多个因素之间存在共线性关系，则需要根据该因素与脆弱性评估的相关性来判断是否应保留该因素。

（2）让最脆弱的人群和代表性不足的群体（如土著群体）参与确定用于计算成分的因素（King－Okumu et al.，2020）。虽然将农村人口作为一个社会因素纳入其中包括了一个可能的脆弱性人口，但缔约方应致力于纳入其他可提高空间分辨率的地方层级数据。此外，让代表性不足的群体参与验证工作是提高指数“敏感性”的另一种途径。

（3）使用统计方法或专家判断法和实地验证法对因素和/或组成要素进行加权。本指南中提出的方法没有对脆弱性因素或组成要素进行加权，因为这需要对系统有深入的了解，并且因国家和区域而不同。

Meza et al.（2019）在因素权重方面的研究取得了进展。通过与来自全球学术界和政府的78位专家磋商，他们制定了一份与农业和供水部门最相关的指标与相关权重清单。专家对权重的判断受到这些专家和/或资源的可用性的限制，无法更普遍地收集意见。Crossman（2019）建议使用统计加权方法，例如使用主成分分析法（PCA），但这些方法依赖于是否有资源和数据进行这种工作。如果缔约方能够对其DVI中使用的因素进行加权计算，则需要在报告中明确提出基本假设（González Tánago et al.，2016）。

就要素加权而言，目前还没有全球一致商定的关于基于指数的方法的加权或合计的公约（Naumann et al.，2014；Hagenlocher et al.，2018；Meza et al.，2020）。如Naumann et al.（2014）所述，缔约方可根据各组成要素在计算DVI时的相对重要性选择加权。要素权重将影响DVI

值，因此应适用于所有报告流程，并在报告中明确说明。

(4) 在可能的情况下，根据干旱影响数据核查和验证基准期的DVI值。如果与干旱有关的影响得到量化，则可有助于进一步改善缔约方DVI的组成（Karavitis et al.，2014；Blauhut，2020；Meza et al.，2020）。人们认识到，干旱影响的数据没有得到广泛收集，与其他灾害相比，确定干旱的影响并不总是容易的（Blauhut，2020；Meza et al.，2020）。尽管如此，在可能的情况下，鼓励缔约方对其基准期DVI与地面干旱影响进行简单的定性比较。今后可制定实地实况调查和脆弱性评估验证的统一规程。

在使用诸如多维贫困指数（MPI）和人口与健康调查（DHS）财富指数等指数时，需要注意，这些指数汇集了被认为影响或有助于形成一个理论概念的因素（如贫穷、健康等）。这样复杂问题就可以简化为简单的统计数据。正如Hinkel（2011）所描述的那样，“一方面，我们使用指标是因为问题复杂，而指标通过简单描述复杂系统（最多用单个数字）来降低复杂性；另一方面，复杂性的真正含义是不可还原性。”因此，在DVI中使用这些指数时，“敏感性”可能会进一步降低。所以，有必要进一步检查在DVI中使用这些指数的影响。

参 考 文 献

AGHAKOUCHAK A, 2014. A baseline probabilisticdrought forecasting framework using standardized soil moisture index: Application to the 2012 United States drought. Hydrology and Earth System Sciences, 18 (7): 2485 - 2492.

ALKIRE S, SANTOS M E, 2014. Measuring Acute Poverty in the Developing World: Robustness and Scope of the Multidimensional PovertyIndex. World Development, 59: 251 - 274.

ARROW K J, 2012. Social Choice and Individual Values. Volume 12. Cowles Foundation; Yale University Press.

BABAEIAN E, SADEGHI M, JONES S B, et al., 2019. Ground, Proximal, and Satellite Remote Sensing of Soil Moisture. Reviews of Geophysics, 57 (2): 530 - 616.

BACHMAIR S, STAHL K, COLLINS K, et al., 2016a. Drought indicators revisited: The need for a wider consideration of environment and society. Wiley Interdisciplinary Reviews: Water, 3 (4): 516 - 536.

BACHMAIR S, SVENSSON C, HANNAFORD J, et al., 2016b. A quantitative analysis to objectively appraise drought indicators and model drought impacts. Hydrology and Earth System Sciences.

BACHMAIR S, TANGUY M, HANNAFORD J, et al., 2018. How well do meteorological indicators represent agricultural and forest drought across Europe?. Environmental Research Letters, 13 (3).

BAI L, SHI C, LI L, et al., 2018. Accuracy of CHIRPS Satellite - Rainfall Productsover Mainland China', Remote Sensing.

BARKER L J, HANNAFORD J, CHIVERTON A, et al., 2016. From meteorologicalto hydrological drought using standardised indicators. Hydrology and Earth SystemSciences, 20 (6): 2483 - 2505.

BEGUERÍA S, VICENTE - SERRANO S M, 2017. Package "SPEI". R - Package, 16.

BIRKMANN J, CARDONA O D, CARREñO M L, et al., 2013. Framing vulnerability, risk and societal responses: the MOVE framework. Natural Hazards, 67 (2): 193 - 211.

BLAUHUT V, 2020. The triple complexity of drought risk analysis and its visualisation via mapping: A review across scales and sectors. Earth - Science Reviews.

BLAUHUT V, GUDMUNDSSON L, STAHL K, 2015. Towards pan - European drought risk maps: Quantifying the link between drought indicesand reported drought impacts. Environmental Research Letters, 10 (1).

BLAUHUT V, STAHL K, STAGGE J H, et al., 2016. Estimating drought risk across Europe from reported drought impacts, drought indices, and vulnerability factors. Hydrology and Earth System Sciences, 20: 2779 - 2800.

BLOOMFIELD J P, MARCHANT B P, 2013. Analysis of ground water drought building on the standardised precipitation index approach. Hydrology and Earth System Sciences, 17 (12): 4769 - 4787.

BRESHEARS D D, ADAMS H D, EAMUS D, et al., 2013. The critical amplifying role of increasing atmospheric moisture demand on tree mortality and associated regional die - off. Frontiers in Plant Science, 4: 266.

CAMMALLERI C, VOGT J V, BISSELINK B, et al., 2017. Comparing soil moisture anomalies from multiple independent sources over different regions across the globe. Hydrology and EarthSystem Sciences, 21 (12): 6329 - 6343.

CARDONA O D, et al., 2012. Determinants of risk: Exposure and vulnerability//Managing the Risks of Extreme Events and Disasters to AdvanceClimate Change Adaptation: Special Report of the Intergovernmental Panel on Climate Change: 65 - 108.

CARRÃO H, NAUMANN G, BARBOSA P, 2016. Mapping global patterns of drought risk: An empirical framework based on sub - national estimates of hazard, exposure and vulnerability. Global Environmental Change, 39: 108 - 124.

CARRÃO H, RUSSO S, SEPULCRE - CANTO G, BARBOSA P, 2016. An empirical standardized soil moisture index for agricultural drought assessment from remotely sensed data. International Journal of Applied Earth Observation and Geoinformation, 48: 74 - 84.

CHRISTENSON E, ELLIOTT M, BANERJEE O, et al., 2014. Climate - related hazards: a method for global assessment of urbanand rural population exposure to cyclones, droughts, and floods. International Journal of Environmental Research and Public Health, 11 (2): 2169 - 2192.

COLLIER C G, 2000. World Meteorological Organization Precipitation, Operational Hydrology Report No. 46, Precipitation Estimation and Forecasting. Geneva, Switzerland.

COOK E R, et al., 2015. Old world megadroughts and pluvials during the common era. Science Advances, 1 (10): e1500561.

CRAMERI F, SHEPHARD G E, HERON P J, 2020. The misuse of colour in science communication. Nature Communications, 11 (1): 5444.

CRAUSBAY S D, et al., 2017. Defining ecological drought for the twenty - first century. Bulletin of the American Meteorological Society, 98 (12): 2543 - 2550.

CROSSMAN N, 2019. Drought resilience, adaptation and management policy framework. D. Tsegai. Bonn, Germany.

CUTTER S L, BORUFF B J, SHIRLEY W L, 2003. Social vulnerability to environmental hazards. Social Science Quarterly, 84 (2): 242 - 261.

DAI A, 2011a. Characteristics and trends in various forms of the Palmer Drought Severity Index during 1900 - 2008. Journal of Geophysical Research: Atmospheres, 116 (D12).

DAI A, 2011b. Drought under global warming: A review. Wiley Interdisciplinary Reviews: Climate Change, 2 (1): 45 - 65.

DAI A, ZHAO T, CHEN J, 2018. Climate change and drought: a precipitation and evaporation perspective. Current Climate Change Reports, 4 (3): 301 - 312.

DE LANGE H J, SALA S, VIGH M, et al., 2010. Ecological vulnerability in risk assessment—A

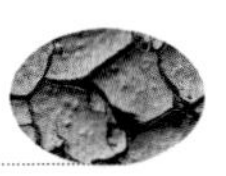

review and perspectives. Science of the Total Environment, 408 (18): 3871 - 3879.

DEWES C F, RANGWALA I, BARSUGLI J J, et al., 2017. Drought risk assessment under climate change is sensitive to methodological choices for the estimation of evaporative demand. PLoS ONE, 12 (3): e0174045.

DINKU T, FUNK C, PETERSON P, et al., 2018. Validation of the CHIRPS satellite rainfall estimates over eastern Africa. Quarterly Journal of the Royal Meteorological Society, 144 (S1): 292 - 312.

DO H X, GUDMUNDSSON L, LEONARD M, et al., 2018. The global streamflow indicesand metadata archive (GSIM) - part 1: the production of a daily streamflow archive and metadata. Earth System Science Data, 10 (2): 765 - 785.

DOXSEY - WHITFIELD E, MACMANUS K, ADAMO S B, et al., 2015. Taking advantage of the improved availability of census data: a first look at the gridded population of the world, Version 4. Papers in Applied Geography, 1 (3): 226 - 234.

FUNK C, PETERSON P, LANDSFELD M, et al., 2015. The climate hazards infrared precipitation with stations - A new environmental record for monitoring extremes. Scientific Data, 2: 1 - 21.

GOLIAN S, JAVADIAN M, BEHRANGI A, 2019. On the use of satellite, gauge, and reanalysis precipitation products for drought studies. Environmental Research Letters, 14 (7).

GONZÁLEZ TÁNAGO I, URQUIJO J, BLAUHUT V, et al., 2016. Learning from experience: A systematic review of assessments of vulnerability to drought'. Natural Hazards, 80 (2): 951 - 973.

HAGENLOCHER M, MEZA I, ANDERSON C C, et al., 2019. Drought vulnerability and risk assessments: State of the art, persistent gaps, and research agenda. Environmental Research Letters.

HAGENLOCHER M, RENAUD F G, HAAS S, et al., 2018. Vulnerability and risk of deltaic social - ecological systems exposedto multiple hazards. Science of the Total Environment, 631 - 632: 71 - 80.

HANNAFORD J, COLLINS K, HAINES S, et al., 2019. Enhancing drought monitoring and early warning for the United Kingdom through stakeholder coinquiries. Weather, Climate, and Society, 11 (1): 49 - 63.

HANNAH D M, DEMUTH S, VAN LANEN H A J, et al., 2011. Large - scale river flow archives: importance, current status and future needs. Hydrological Processes, 25 (7): 1191 - 1200.

HAO Z, AGHAKOUCHAK A, 2014. A nonparametric multivariate multi - indexdrought monitoring framework. Journal of Hydrometeorology, 15 (1): 89 - 101.

HAO Z, SINGH V P, 2015. Drought characterization from a multivariate perspective: A review. Journal of Hydrology, 527: 668 - 678.

HARRIGAN S, ZSOTER E, ALFIERI L, et al., 2020. GloFAS - ERA5 operational global river discharge reanalysis1979 - present. Earth System Science Data, 12 (3): 2043 - 2060.

HAYES M, SVOBODA M, WALL N, et al., 2011. The Lincoln Declaration on drought indices: Universal meteorological drought index recommended. Bulletin of the American Meteor-

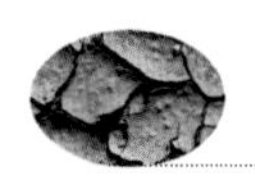

ological Society, 92 (4): 485 - 488.

HERSBACH H, BELL B, BERRISFORD P, et al., 2020. The ERA5 global reanalysis. Quarterly Journal of the Royal Meteorological Society, 146 (730): 1999 - 2049.

HEUMANN C, SCHOMAKER M, SHALABH, 2016. Introduction to Statistics and Data Analysis: With Exercises, Solutions and Applications in R. 1st edition. Springer International Publishing.

HINKEL J, 2011. "Indicators of vulnerability andadaptive capacity": Towards a clarification of thescience - policy interface. Global Environmental Change, 21 (1): 198 - 208.

KALNAY E, KANAMITSU M, KISTLER R, et al., 1996. The NCEP/NCAR 40 - Year Reanalysis Project. Bulletin of the American Meteorological Society, 77 (3): 437 - 472.

KARAVITIS C A, TSESMELIS D E, SKONDRAS N A, et al., 2014. Linking drought characteristics to impacts on a spatialand temporal scale. Water Policy, 16 (6).

KELLER V D J, TANGUY M, PROSDOCIMI I, et al., 2015. CEH - GEAR: 1 km resolution daily and monthly areal rainfall estimates for the UK for hydrological and other applications. Earth System Science Data, 7 (1): 143 - 155.

KING - OKUMU C, 2019. Drought Impact and Vulnerability Assessment: A Rapid Review of Practices and Policy Recommendations. Bonn, Germany.

KING - OKUMU C, TSEGAI D, PANDEY R P et al., 2020. Less to lose? Drought impact and vulnerability assessment in disadvantaged regions. Water, 12 (4).

KREIBICH H, BLAUHUT V, AERTS J C J H, et al., 2019. How to improve attribution of changes in drought and flood impacts. Hydrological Sciences Journal, 64 (1): 1 - 18.

LAURENT - LUCCHETTI J, COUTTENIER M, VISCHEL T, et al., 2019. Droughts, Land Degradation and Migration; United Nations Convention to Combat Desertification. Bonn, Germany.

LAVELL A, OPPENHEIMER M, DIOP C, et al., 2012. Climate change: New dimensionsin disaster risk, exposure, vulnerability, andresilience//Field C B, Barros V, Stocker T F, et al. Managing the Risks of Extreme Events and Disasters to AdvanceClimate Change Adaptation: Special Report ofthe Intergovernmental Panel on Climate Change. Cambridge, UK, and New York, USA: Cambridge University Press: 25 - 64.

LEGG T, 2015. Uncertainties in gridded area - average monthly temperature, precipitation and sunshine for the United Kingdom. International Journal of Climatology, 35 (7): 1367 - 1378.

LLOYD - HUGHES B, 2014. The impracticality of auniversal drought definition. The Oretical and Applied Climatology, 117 (3 - 4): 607 - 611.

LLOYD - HUGHES B, SAUNDERS M A, 2002. A drought climatology for Europe. International Journal of Climatology, 22 (13): 1571 - 1592.

MCKEE T B, DOESKEN N J, KLEIST J, 1993. The relationship of drought frequency and durationto time scales//Proceedings of the 8th Conference on Applied Climatology. Boston: 179 - 183.

MEZA I, HAGENLOCHER M, NAUMANN G, et al., 2019. Drought vulnerability indicators for global - scale drought risk assessments, JUR 29824 EN, Publication Office of the European Union, Luxembourg.

MEZA I, SIEBERT S, DöLL P, et al., 2020. Global scale drought risk assessment for agricultural systems. Natural Hazards and Earth System Sciences, 20 (2): 695 - 712.

MISHRA A K, SINGH V P, 2010. A review of drought concepts. Journal of Hydrology, 391 (1): 202 - 216.

MONDAL P, TATEM A J, 2012. Uncertainties in Measuring Populations Potentially Impacted by Sea Level Rise and Coastal Flooding. PLoS ONE, 7 (10): e48191.

MUKHERJEE S, MISHRA A, TRENBERTH K E, 2018. Climate change and drought: A perspectiveon drought indices. Current Climate ChangeReports, 4 (2): 145 - 163.

NAUMANN G, BARBOSA P, GARROTE L, et al., 2014. Exploring drought vulnerability in Africa: An indicator based analysis to be usedin early warning systems. Hydrology and Earth System Sciences, 18 (5): 1591 - 1604.

NAWAZ M, IQBAL M F, MAHMOOD I, 2021. Validation of CHIRPS satellitebased precipitation dataset over Pakistan. Atmospheric Research, 248: 105289.

NOEL M, BATHKE D, FUCHS B, et al., 2020. Linking drought impacts to drought severityat the state level. Bulletin of the American Meteorological Society, 101 (8): E1312 - E1321.

NOGUEIRA M, 2020. Inter - comparison of ERA - 5, ERA - interim and GPCP rainfall over the last 40 years: Process - based analysis of systematic andrandom differences. Journal of Hydrology, 583: 124632.

NÚÑEZ J, RIVERA D, OYARZÚN R, et al., 2014. On the use of Standardized Drought Indices under decadal climate variability: Critical assessment and drought policy implications. Journal of Hydrology, 517: 458 - 470.

OECD, JRC, 2008. Handbook on Constructing Composite Indicators: Methodology and user guide. Paris, France.

ORLOWSKY B, SENEVIRATNE S I, 2013. Elusive drought: Uncertainty in observed trends and short - and long - term CMIP5 projections. Hydrology and Earth System Sciences, 17 (5): 1765 - 1781.

OTKIN J A, SVOBODA M, HUNT E D, et al., 2018. Flash droughts: A review and assessment of the challenges imposed by rapid - onset droughts in the United States. Bulletin of the American Meteorological Society, 99 (5): 911 - 919.

OUDIN L, HERVIEU F, MICHEL C, et al., 2005. Which potential evapotranspiration input for a lumped rainfall - runoff model? Part 2—Towards a simple and efficient potential evapotranspiration model for rainfall - runoff modelling. Journal of Hydrology, 303 (1):290 - 306.

PENDERGRASS A G, MEEHL G A, PULWARTY R, et al., 2020. Flash droughts present a new challenge for subseasonal - to - seasonal prediction. Nature Climate Change, 10 (3): 191 - 199.

PENG J, ALBERGELD C, BALENZANO A, et al., 2021. A roadmap for high - resolution satellitesoil moisture applications - confronting product characteristics with user requirements. Remote Sensing of Environment, 252: 112162.

PENG J, LOEW A, MERLIN O, et al. 2017. A review of spatial downscaling of satellite remotely sensed soil moisture. Reviews of Geophysics, 55 (2): 341 - 366.

PEREIRA L S, CORDERY I, IACOVIDES, 2002. Coping with water scarcity. Technical

Documents in Hydrology, Paris: International Hydrological Programme - UNESCO.

PIETZSCH S, BISSOLLI P, 2011. A modified drought index for WMO RA VI'. Adv. Sci. Res., 6 (1): 275 - 279.

PRICOPE N, MAPES K, MWENDA K, et al., 2020. A review of publically available geospatial datasets and indicators insupport of drought: TOOLS4LDN technical reporton monitoring progress towards SO3.

PRUDHOMME C, GIUNTOLI I, ROBINSON E L, et al., 2014. Hydrological droughts in the 21st century, hotspots and uncertainties from a global multimodel ensemble experiment. Proceedings of the National Academy of Sciences, 111 (9): 3262 LP - 3267.

REICHHUBER A, GERBER N, MIRZABAEV A, et al., 2019. The Land - Drought Nexus: Enhancing the Role of Land - Based Interventions in Drought Mitigation and Risk Management. A Report of the Science - Policy Interface. Bonn, Germany.

RIVERA J A, MARIANETTI G, HINRICHS S, 2018. Validation of CHIRPS precipitation dataset along the Central Andes of Argentina. Atmospheric Research, 213: 437 - 449.

RODELL M, BEAUDOING H K, L' ECUYER T S, et al., 2015. The observed state of the water cycle in the early twenty - first century. Journal of Climate, 28 (21): 8289 - 8318.

SCHELLEKENS J, DUTRA E, MARTíNEZ - DE LA TORRE A, et al., 2017. A global water resources ensemble of hydrological models: The earth Observe Tier - 1 dataset. Earth System Science Data, 9 (2): 389 - 413.

SCHNEIDER U, BECKER A, FINGER P, et al., 2018a. GPCC Monitoring Product: Near Real - Time Monthly Land - Surface Precipitation from Rain - Gauges based on SYNOP and CLIMAT data'.

SCHNEIDER U, BECKER A, ZIESE M, et al., 2018b. Global Precipitation Analysis Productsof the GPCC. Global Precipitation Climatology Centre (GPCC): 1 - 14.

SCHNEIDER U, BECKER A, FINGER P, et al., 2014. GPCC's newland surface precipitation climatology basedon quality - controlled in situ data and its role in quantifying the global water cycle. Theoretical and Applied Climatology, 115 (1): 15 - 40.

SHEFFIELD J, WOOD E F, RODERICK M L, 2012. Little change in global drought over the past 60 years. Nature, 491 (7424): 435 - 438.

SHUKLA S, WOOD A W, 2008. Use of a standardized runoff index for characterizing hydrologic drought. Geophysical Research Letters, 35 (2).

SIMS N C, NEWNHAM G J, ENGLAND J R, et al., 2021. Good Practice Guidance SDG Indicator15. 3. 1: Proportion of land that is degraded over total land area. Version 2. 0. United Nations Convention to Combat Desertification, Bonn, Germany.

SLETTE I J, POST A K, AWAD M, et al., 2019. How ecologists define drought, and why we should dobetter. Global Change Biology, 25 (10): 3193 - 3200.

STAGGE J H, KOHN I, TALLAKSEN L M, et al., 2015a. Modeling drought impact occurrence based on meteorological drought indices in Europe. Journal of Hydrology, 530:37 - 50.

STAGGE J H, TALLAKSEN L M, GUDMUNDSSON L, et al., 2015b. Candidate distributions for climatological drought indices (SPI and SPEI). International Journal of Climatology, 35 (13): 4027 - 4040.

STRODE G, MORGAN J D, THORNTON B, et al., 2020. Operationalizing trumbo's principles of bivariate choropleth map design. Cartographic Perspectives, (94): 5 - 24.

SUN Q, MIAO C, DUAN Q, et al., 2018. A review of global precipitation data sets: data sources, estimation, and intercomparisons. Reviews of Geophysics, 56 (1): 79 - 107.

SVENSSON C, HANNAFORD J, PROSDOCIMI I, 2017. Statistical distributions for monthly aggregations of precipitation and streamflow indrought indicator applications. Water Resources Research, 53 (2): 999 - 1018.

TALLAKSEN L M, VAN LANEN H A J, 2004. Hydrological drought: processes and estimation methods for streamflow and groundwater. Vol. 48. Elsevier.

TANGUY M, FRY M, SVENSSON C, et al., 2017. Historic Gridded Standardised Precipitation Index for the United Kingdom 1862 - 2015 (generated using gamma distribution withstandard period 1961 - 2010) v4. Environmental Information Data Centre.

TEULING A J, VAN LOON A F, SENEVIRATNE S I, et al., 2013. Evapotranspiration amplifies european summerdrought. Geophysical Research Letters, 40 (10): 2071 - 2075.

TIJDEMAN E, STAHL K, TALLAKSEN L M, 2020. Drought characteristics derived based on the standardized streamflow index: A large sample comparison for parametric and nonparametric methods. Water Resources Research, 56 (10).

TRENBERTH K E, DAI A, VAN DER SCHRIER G, 2014. Global warming and changes in drought. Nature Climate Change, 4 (1): 17 - 22.

VAN LOON A F, 2015. Hydrological drought explained. WIREs Water, 2 (4), 359 - 392.

VICENTE - SERRANO S M, BEGUERÍA S, LópezMoreno J I, 2010. A multiscalar drought index sensitive to global warming: the standardized precipitation evapotranspiration index. Journal of Climate, 23 (7): 1696 - 1718.

VICENTE - SERRANO S M, LÓPEZ - MORENO J I, BEGUERÍA S, et al., 2012. Accurate computation of a streamflow drought index. Journal of Hydrologic Engineering, 17 (2): 318 - 332.

VICENTE - SERRANO S M, QUIRING S M, PEÑA - GALLARDO M, et al., 2020. A review of environmental droughts: Increased risk under global warming?. Earth - Science Reviews, 201: 102953.

VICENTE - SERRANO S M, TOMAS - BURGUERA M, BEGUERÍA S, et al., 2017. A High Resolution Dataset of Drought Indices for Spain. Data.

VIGLIONE A, BORGA M, BALABANIS P, et al., 2010. Barriers to the exchange of hydrometeorological data in Europe: Results from a survey and implications for data policy. Journal of Hydrology, 394 (1): 63 - 77.

VOGT J V, NAUMANN G, MASANTE D, et al., 2018. Drought Risk Assessment and Management - A Conceptual Framework. Luxembourg.

WANG YAXU, LV J, HANNAFORD J, et al., 2020. Linking drought indices to impacts to support drought risk assessment in Liaoning province, China', Natural Hazards and Earth System Sciences, 20 (3): 889 - 906.

WEIßHUHN P, MÜLLER F, WIGGERING H, 2018. Ecosystem vulnerability review: proposal of an interdisciplinary ecosystem assessment approach. Environmental Management, 61 (6): 904 - 915.

WILHITE D A, GLANTZ M H, 1985. Understanding: the drought phenomenon: the role of definitions. Water International, 10 (3): 111-120.

WILKS D S, 2011. Statistical methods in the atmospheric sciences. Third Edit. Oxford, UK: Elsevier.

WINSEMIUS H C, JONGMAN B, Veldkamp T I E, et al., 2018. Disaster risk, climate change, and poverty: Assessing the global exposure of poor people to floods and droughts. Environment and Development Economics, 23 (3): 328-348.

WU H, HAYES M J, WILHITE D A, et al., 2005. The effect of the length of record on the standardized precipitation index calculation. International Journal of Climatology, 25 (4): 505-520.

WU H, SVOBODA M D, HAYES M J, et al., 2007. Appropriate application of the standardized precipitation index in arid locations and dry seasons. International Journal of Climatology, 27 (1): 65-79.

ZIESE M, SCHNEIDER U, MEYER-CHRISTOFFER A, et al., 2014. The GPCC Drought Index - a new, combined and gridded global drought index. Earth Syst. Sci. Data, 6 (2): 285-295.

附录 A

对本指南未来版本的展望

本附录概述了未来如何制定和改进本指南中所述的指标，以更有效地监测实现战略目标 3 的进展，还介绍了实施这些变革所需的科学。应通过与《联合国防治荒漠化公约》缔约方的持续接触，逐步改进全球指标和监测系统。

本附录还旨在根据现有差距、科学文献中的最新技术以及当前和新兴方向，列出一些潜在的发展方式。它旨在开启、鼓励和为今后的议案提供信息，而不是为变革提出一个特定的方向或正式的“路线图”。《联合国荒漠化公约》缔约方将酌情讨论和商定未来战略目标 3 报告的方向，这一方向将受到广泛的实际考虑。

对于本指南中提出的每一项选定指标及其整体应用，无疑在近期和长期都有可改进之处。以下部分将考虑战略目标 3 报告的潜在变革，重点关注可优先考虑的近期发展。这必然是一种有限的展望，而不是对未来干旱风险评估发展的全面评价。

我们更加重视对现有全球数据集和指标的考虑，以便更好地描述干旱灾害的特征（即 1 级指标），因为在这一领域有更大的科学共识，而且有直接可行的发展方式。此外，该指标的范围决定了应如何构思和衡量暴露于危险的程度。因此，脆弱性因素的定义应与干旱灾害的性质以及人口和生态系统的风险程度相关。

一般而言，在今后制定本指南的后续版本时，只应考虑通用的和对所有缔约方有效的指标，以促进缔约方之间的协调，并确保所制定方法的可靠性。要纳入风险和脆弱性因素的其他方面，就需要开展更多的工作，在实施之前进行测试和验证。

更宏观的范围与背景

干旱监测和风险评估是迅速发展的科学领域（如 Bachmair et al.，2016a；Blauhut，2020），虽然有一些领域是相对“标准做法”（如 Lincoln 宣言的气象干旱监测；Hayes et al.，2011），但研究和应用文献中采用的方法存在很大差异——特别是在干旱脆弱性评估方面。在制定本指南时，我们推荐了一种务实的方法，一方面平衡目前最先进、经过验证和科学审核的方法及数据的可用性；另一方面平衡相对简单和全球适用性的需要。本附录考虑了本指南中所用方法的一些局限和不足，以及当前和不久的将来的科学发展方式。

除了科学的发展之外，影响全球指标范围的其他相关因素还涉及通过本指南报告进程来增加全球数据集的可用性。需要与缔约方和各新兴国家及全球数据集的保管者合作，以识别可用于未来战略目标 3 监测重复使用的额外因素。

本指南已做出努力，建议采用包括按性别分类的风险和脆弱性评估在内的方法，这对今后指南的重复使用和报告过程十分重要。然而，Pricope et al.（2020）指出，现有数据有限，无法支持额外性别分类的理想水平。在某些情况下，为实现这一目标而进行的数据预处理需要额外的技术能力，需要考虑建立这种能力的方法。

1 级：干旱灾害

为了解决 1.5 节中概述的战略目标 3 的 1 级指标监测所推荐的方法的局限性，建议所使用的基本气象干旱指数应包括蒸散发，但注意这需要得到 WMO 和国家气象和水文部门的认可。此外，为了全面评估干旱灾害，今后应将其他干旱类型纳入 1 级监测的灾害评估。在本指南框架内，缔约方可利用与其能力相适应的现有国家指标监测和评估其他类型的干旱（如农业干旱和水文干旱）。然而，在不具备这种能力的地方，评估全球范围内的农业和水文干旱需要专业数据集，下文将讨论这些数据集的可用性和发展情况。

气象干旱监测

如 1.5 节所述，蒸散发是水循环的一个基本组成部分，对干旱评估

至关重要。它的缺乏对目前1级指标的敏感性造成了重大制约。因此，我们建议将蒸散发作为评估气象干旱的最优先事项——注意，它是评估农业、水文和生态干旱的一个关键变量。

我们建议未来采用标准化降水蒸散发指数（SPEI）作为1级指标监测的基础，将蒸散发纳入其中，特别是纳入潜在蒸散发（PE）。考虑到它的简单性和格式，目前可以很容易地以与SPI相同的方式将其合并。其障碍在于如何在全球范围内采用合适的蒸发数据集。由于缺乏直接观测到的蒸发数据集，PE通常根据气象数据集（如温度、辐射、风速等）估算，或根据水文模型或陆面模型推算。

文献中关于最适合使用的蒸散发计算方法存在长期争论。基于物理机制的Penman-Monteith（PM）公式是首选，但需要大量的气象数据输入，而这些输入数据在全球范围内不易获得。这导致了更简单的、基于温度的经验方法的广泛采用，这些方法的应用范围很广（如Thornthwaite公式和Hargreaves公式）。不同的基于温度的方法和PM方法都可能产生显著不同的结果，甚至在流域尺度上也是如此（如Oudin et al.，2005），这些差异在全球尺度上成为问题，使方法之间的协调具有挑战性。

此外，在人为变暖的背景下，PE评估方法之间的差异变得至关重要。过去十年，人们对在全球范围内的干旱中观测到的人为气候变化的证据进行了激烈的讨论，一些研究表明干旱显著增加（Dai，2011a，2011b），而另一些研究则提供相反的证据（Sheffield et al.，2012）；另见Trenberth et al.（2014）对该争论的总结。这些不同的变化趋势主要是由于使用了不同的干旱指数和蒸散发公式。这对在当前和未来条件下选择适当的指标量化干旱危害具有影响。几项研究关注了未来干旱演变对所用PE方法的敏感性（如Orlowsky and Seneviratne，2013；Dewes et al.，2017）和其他方法所考虑的因素（如植物生理变化在二氧化碳增加的环境中的作用；Prudhomme et al.，2014；Dai et al.，2018）。

就目前全球可用性而言，基于Thornthwaite公式的SPEI逐月更新的全球SPEI监测是可用的。对于长期应用，使用PM的SPEI数据库利用CRU_TS网格化气象数据可使用到2019年，但不会定期更新。全球再分析产品（如NCEP/NCAR：Kalnay et al.，1996；ERA5：Hersbach et al.，2020）原则上可以在战略目标3监测的四年报告过程中，以可接受的延迟时间提供PM公式所需的变量，但这些全球数据集具有很大的不确定性，目前还没有充分评价它们是否适合用于全球PE估算，以支持干旱指数的计算。

总之，我们建议进一步的研究，以评估合适的PE数据获取途径，以便将其纳入基于SPEI的当前1级指标的变量中。Pricope et al.（2020）检查了目前可用的全球温度数据集，但仍需要基于这些数据集对PE进行相互对比和评估。这应与使用上述估计或基于再分析的产品、基于PM的评估一起完成。在所有情况下，必须考虑这些方法的不确定性以及实用性。

农业干旱监测

正如方框1中干旱定义所指出的，“农业干旱”可视为一个广义术语，既包括灾害（主要通过土壤湿度），也包括影响（如对作物生长的影响）。土壤水分是农业干旱评估的基本变量，也是理解气象干旱向水文干旱传播的关键。原位土壤水分观测的空间覆盖范围通常非常有限，虽然从田间到流域尺度的详细监测活动很常见，而且存在一些国家观测站点，但没有大规模的国际档案。对于全球应用，土壤水分数据集通常基于地球观测（EO），使用一系列卫星遥感或水文模型或陆面模型输出（如Cammalleri et al.，2017）。一些产品使用这些来源的组合，混合EO和模型输出。这是有益的，因为两种来源都有固有的局限性：卫星遥感通常只对非常浅的土壤表层取样，并受到植被和其他混杂因素的影响；大尺度模型不可避免地会受到许多不确定性的影响。

未来的工作应该评估现有的EO和基于模型的土壤水分产品，以确定其潜在的应用范围。这些数据集经常用于UNDRR、JRC、IPCC和其他机构的一些全球干旱风险绘图活动。然而，来自EO或水文/陆面模型的全球土壤水分数据集受到很大限制，在地面应用上存在很大障碍。Peng et al.（2017）和Babaeian et al.（2019）对地基和卫星土壤水分产品及其各种优势和劣势进行了综述，而Peng et al.（2021）则考虑了卫星土壤水分的最新技术水平和进展。未来的工作还应评估土壤水分指数在本指南中的应用适用性。有许多土壤水分指标和特定的指标被提出用于干旱监测，包括各种类型的标准化土壤水分指数（AghaKouchak，2014；Carrão et al.，2016）。虽然这些和其他量化异常的方法可以很容易地整合到当前1级指标所使用的方案中，但还有许多其他方法可以表示与特定目的相关

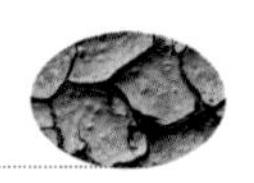

的土壤水分状况（如农业和水文应用中常用的土壤水分亏缺），这些方法可能更有意义。农业干旱监测也将受益于有关植被条件的数据集和指数的评估，这些数据集和指数是一个很容易从空间监测的指标。植被状况可作为灾害指标，但也可作为“影响”指标（如 Bachmair et al.，2018），因此也可用于风险评价和脆弱性评估。现有若干光学土壤观测任务和许多植被指标，特别是归一化差异植被指数（NDVI）、植被状况指数（VCI）和植被健康指数（VHI），这些指标已经过测试，以确定是否适合在国家到大陆范围内监测干旱影响（Bachmair et al.，2018）。诸如此类的植被指标对于北美和欧洲、撒哈拉以南非洲大部分地区以及其他受干旱影响的区域的国家和区域干旱监测至关重要。这些数据集和指数也将有利于生态干旱监测。

水文干旱监测

水文干旱使地表径流和地下水枯竭，是干旱对社会和生态系统造成最严重影响的机制之一。水文干旱指标现成可用，并广泛用于研究和实践（Van Loon，2015）。标准化径流指数（Standardized Runoff Index，用于模拟网格径流）和标准化流量指数（Standardized Streamflow Index，SSI）已被提出，并越来越广泛地用于监测和风险评估。描述水文干旱特征的一个主要限制是缺乏足够的全球水文变量数据集。考虑到数据交换的严重障碍（Viglione et al.，2010），即使是区域或大陆尺度的径流数据库也是有限的，通常不适合全球尺度的水文评估（Hannah et al.，2011）。虽然在整理全球数据集［特别是全球径流数据中心（GRDC）］和提供这些数据集（如 GISM 档案；Do et al.，2018）方面投入了大量精力，但这些数据集的更新仍经常存在较大延迟，世界上大多数地方甚至没有每年更新一次。它们的空间覆盖面也有限，不可避免地偏向于数据丰富的国家，在非洲和亚洲的大片地区覆盖面很小。

原则上，另一种替代方法是使用全球水文模型（Global Hydrological Models，GHMs）或陆面模型（Land Sarface Models，LSMs）的网格化模型输出，其优点是可提供连续的径流场，类似于目前 1 级指标使用的网格化降水产品。这种方法将允许进行年度更新，尽管在实践中，由于这些模型需要最新气象数据集，这在操作环境中还不可能实现。此外，这些模型的不确定性非常高，而且它们的广泛应用还存在非常实际的科学障碍。全球模型甚至为主要河流的年平均流量等简单指标提供了广泛的

结果。尽管如此，它们仍在不断改进（Prudhomme et al.，2014；Schellekens et al.，2017）。未来的工作应评估这些资源的潜力，以支持水文干旱指标。有很多潜在的模型可供选择，但人们一直在努力通过与大型模型集合进行强化（如Earth2Observe模型；Schellekens et al.，2017），为评价模型输出对干旱监测的适用性提供了良好的基础。

在实践中，最新的全球径流量估计可能最容易出现在全球水文状况监测工作中，特别是全球洪水预警系统（GLOFAS）（Harrigan et al.，2020）和WMO赞助的水文状况与展望系统（HydroSOS）。虽然未来的模型可能会提供一条可行途径，以获得全球覆盖范围和定期年度更新的能力，但径流预测在可预见的未来可能会受到高度不确定性的影响。因此，需要严格评估模型预测的准确性和干旱估计的适用性，并在可能的地区对照观测结果进行实地验证。

多种干旱类型的综合监测

未来纳入气象、农业和水文干旱等不同类型的干旱指数，无疑将使人们对干旱灾害有更细致的了解，从而更好地反映干旱是一个多元化现象。然而，这不可避免地提出了一个重要的问题：应该如何表征灾害——是通过将每一种源指标混合在一起的单一综合指标（“单一综合指标方法”），还是通过一个由单独的指标组成的系统（“集合指标方法”）？这是一个多年来一直困扰干旱监测项目的问题，“单一综合指标方法”和“集合指标方法”之间存在着重大争论（如Lloyd－Hughes，2014；Hannaford et al.，2019）。“集合指标方法”背后的动机是提供对不同影响的敏感性，以确保与不同部门的相关性，因此任何将指标组合在一起的努力都有降低这种粒度的风险；同样的，政策制定者可能更倾向于“单一综合指标方法”。

在实践中，这个问题已经通过多元方法的发展得到了解决，Hao和Singh（2015）对此进行了大量评述。采用了许多方法来集合灾害指标。许多方法使用了多元统计分析对单个指标进行合并和加权，而其他方法依赖于主观组合，还有一些方法采用了组合的方式。从应用的角度来看，集合指标的主要例子是欧洲干旱观测站（EDO）综合干旱指标（CDI），它使用定量集合方法；美国干旱监测（USDM），它将客观指标（包括SPI）与专家判断结合起来。后者已成为全球部分国家和区域干旱监测方案的基础。

这些为干旱指标一体化提供了有用的概念基础，如果采用单一综合指标作为一种发展方式，未来的工作则需要侧重于将所选灾害指标纳入适当的计划中。这一努力将带来更有益的好处——除了整合不同的干旱“类型”之外，它还可能整合不同时间尺度，而不仅仅是目前的SPI-12。

最后，“单一综合指标方法”和“集合指标方法”并不是相互排斥的，采用这两种方法可以获得最大的好处就是可以平衡干旱灾害的更精细的高水平评估，又可以因指标多样性而产生基于影响/侧重部门的细节。未来的战略目标3报告可以分层次进行，有些报告侧重于一个高级别的单一综合指标——也许可以利用正在通过全球多灾种预警系统（Global Multi-Hazard Alert System，GMAS）开发的全球干旱分级系统（Global Drought Classification System，GDCS）（见1.4.1节所述）。这还将使缔约方能够评估与干旱影响有关的不同灾害指标的状况，以便规划更具体的、更有效的缓解和适应战略。理想的情况是，暴露度和脆弱性指标也将以类似的方式分类。

2级：干旱暴露度

除了对人口的影响外，战略目标3和预期影响还包括对人类赖以生存的生态系统的影响，正如2.5节中所讨论的，这一点并没有包含在本指南中，因为本指南是基于第十四次缔约方大会第11号决议对2级指标的解释，即受干旱影响的人口数量。然而，战略目标3的措辞同时强调了人口和生态系统，理想情况下，这两者都应在未来的报告过程中的干旱暴露度评估中发挥重要作用。

Hagenlocher et al.（2019年）和Meza et al.（2020年）以及ICCD/COP（14）/CST/7都承认在评估干旱风险时需要考虑生态系统因素。Meza et al.呼吁从社会生态系统（SES）角度看问题，特别是在农业系统背景下评估干旱风险时，以及在生计依赖于生态系统及其服务的情况下。这有助于更好地理解生态系统及其服务的作用，不仅是干旱风险的驱动因素，也是减少干旱风险的机遇。

本指南已经介绍了可用于根据一系列土地覆被或生态系统类型对干旱土地面积进行子集化的方法（Sims et al.，2021），相关全球数据集已集成到Trends. Earth平台中。

联合国粮食及农业组织提供了一系列网格化全球数据集，用于量化与不同生产系统相关的资产，如牲畜、灌溉系统、高产树木等。考虑是否可以制定一些关于景观方法应用的指导可能会对下一次更新本指南有所帮助。

战略目标3的预期影响不仅涉及由个体组成的群体，还涉及作为生态系统一部分的与大自然相互作用的群落。因此，确定不同规模的群落所受影响的特征也很重要。确定哪些群落的暴露程度较高或较低，可以更有效地确定国家战略的目标。因此，土地利用的分类也可以扩展到城市和农村人口的分类。在次国家1级、2级指标的结果由人口分布决定，而人口分布又可能受到城乡人口分布的影响。纳入这些分类将有助于确定暴露更为突出的地区和相关活动，例如，农村地区的农业和耕作活动。相关数据已经以世界银行人口统计数据和网格空间数据的形式提供，如世界网格化人口（GPW）编制的全球农村城市测绘项目（GRUMP）。因此，对未来本指南的修订而言，纳入农村-城市类别将是一个相对直接的过程，并将对2级指标的解读增加价值。

绘制生态系统类型图有助于进一步确定受干旱影响的广阔牧场系统和生产景观中的种群。这些种群许多具有跨界性质。这些生产景观中某一区域的降水不足会导致人口和牲畜迁移到其他区域，这意味着景观中某一区域的气象干旱预计会影响同一景观或区域中其他区域的人口和生产系统。跨界河流、集水区和含水层系统可以跨越生态系统和大陆，将干旱的影响从一个地区带到另一个地区，并影响不同的经济部门。这些系统可将包括水压力和水质威胁在内的问题从上游地区转移到下游地区。

人们普遍认为（Carrao et al.），生活在水资源紧张地区的人们更容易受到干旱的影响。Carrao et al.、联合国亚洲及太平洋经济社会委员会（UNESCAP）和其他机构建议使用现有的全球基线水压力数据集来绘制相关地区和人口的地图（WRI，2020）。此外，所有国家都承诺采用现有的可持续发展目标指标6.4.2的检测方法来监测水资源压力。可持续发展目标指标6.4.2指南有助于确定不同部门、生计和生态系统面临的干旱风险。它对经济活动进行了通用分类并计算了其年度需水量，最近还提供了评估生态系统需水量（也称为环境流量）的指南。可能需要进一步审查，以全面评估各国已在多大程度上使用了可持续发展目标指标6.4.2的监测方法，以及在哪些方面仍存在能力需求；上一次对可持续发展目标指标的全球审查是在2018年进行的。

水资源供应的减少被视为干旱风险分类中的另一个重要次级指标。然而，需要考虑到目前支持这一部分所需的数据的局限性。基线水压力数据集（世界资源研究所，2013）目前仅代表2013年的数据，且未说明更新频率。因此，在今后的任何方法中纳入这部分内容时，应充分探讨四年报告过程的局限性，以及这样做的有用性和适当性。另一个替代指标是饮用水的可获得性，但这同样取决于数据的可获得性，而各国的数据可获得性可能各不相同。

如果各国希望描述在干旱情况下可能发生的经济损失和破坏，可以选择使用可持续发展目标1.5和《仙台减少灾害风险框架》目标C中关于描述干旱和其他灾害造成的经济损失所提供的方法。然而，有必要在现有的全球数据集中只选择与干旱相关的方面。联合国国际减灾战略（2017）认识到将干旱对社会和环境的影响［尤其是直接（和间接）经济损失］隔离开来所面临的挑战。关于生产性生态系统的经济价值指南，各国可选择是否使用土地退化经济学倡议提供的指南。财富核算和生态系统服务价值评估（WAVES）也正在与一些国家合作，建立本国的生态系统服务估值体系，联合国大会最近于2021年3月通过了经修订的全球生态系统核算体系。

3级：干旱脆弱性

干旱脆弱性评估本质上是多维的，这也是本指南建议采用单一综合指标的原因。然而，为了使这一指标能够用于监测实地的进展情况，所使用的组成要素和因素应与所评估系统（国家、部门、人口）的需求相关。反过来，进行适当的评估也需要一定的物质和机构能力。脆弱性是人口（或生态系统）的固有特征，在暴露于危害的情况下会增加负面影响的风险。因此，在改进脆弱性评估的同时改进危害和暴露评估，将大大提高对人类和生态系统所面临风险的总体认识（图1）。

本指南第3章提出的干旱脆弱性指数（DVI）描述了与人口对干旱的社会、经济和基础设施脆弱性有关的脆弱性因素。所建议的要素和因素是根据同行评审研究的使用情况来选择的，这些研究为这些方法提供了科学依据。未来对干旱脆弱性指数的改进应侧重于更有效地定义与各缔约方的需求更相关的组成要素和因素，从而使干旱脆弱性评估更清晰地反映出哪些人口和生态系统更有可能（或更不可能）遭受干旱造成的损失和破坏，以及国家层面的干旱缓解、适应和抗灾规划的有效性。

在可能的情况下，可通过在区域一级就使用最佳的因素达成多边协议来支持这种完善，这包括满足第十四次缔约方大会第11号决议中规定的协调/标准化标准，这将改善干旱脆弱性指数的“可比性”标准（也是第十四次缔约方大会第11号决议中规定的标准），但更重要的是开始改善干旱脆弱性指数对国家缔约方具体需求的“敏感性”。正如Hagenlocher et al.（2019）所建议的，在开展这些工作的同时，应进一步研究针对具体部门、背景和规模的指标，并开发一个可用于不同背景的指标库。

理想情况下，因素的选择和组成要素的定义应在国家层面通过验证过程完成。Crossman（2019）建议的因素验证和加权方案方法包括开展实地调查、社区会议和访谈，收集专家意见，以及查阅专业文献。然而，这些都是耗费大量时间和资源的过程，尤其是在正确操作的情况下（如让最弱势人群参与调查），而且专业知识并不总是可用的。建议进一步研究个别因素对整体脆弱性评估的敏感性。同样，还需要进行进一步的研究和验证，以制定脆弱性因素加权的整体方法和方式（Hagenlocher et al.，2019）。

最近的综述建议使用影响信息来验证和确认脆弱性评估（González Tánago et al.，2016；Blauhut，2020）。基于要素的脆弱性评估研究也采用了这种方法来验证结果（如Naumann et al.，2014；Kreibich et al.，2019；Meza et al.，2020），但所有研究都强调了总体影响数据的缺乏，尤其是干旱造成的影响数据的可用性较差。干旱是一种缓慢发生的长期灾害，这意味着确定影响具有挑战性（联合国国际减灾战略，2017），尤其是在全球范围内。然而，为《仙台减少灾害风险框架》目标A至D的报告原则上提供了全球范围内特定干旱影响的数据。此类数据可支持对脆弱性评估和方法进行验证，进而显著改善评估和方法，使其更适合特定部门和地区。此外，已经（并应越来越多地）支持弱势群体应对干旱挑战（King-Okumu，2019）的投入可以成为另一个信息渠道，帮助核实和验证脆弱性评估。

改善空间脆弱性数据的可得性（如国家以下层面或网格格式的数据；Meza et al.，2020）将使缔约方能够更容易地使用第三层级脆弱性评估，并大大提高脆弱性指数的敏感性及其评估的有用性。与对不同干旱类型的危害评估的改进相联系，脆弱性评估将能够为更多缔约方提供关于可

能面临较高干旱风险的关键部门的脆弱性信息，从而制定适当的政策和计划，以减轻、适应或提高对干旱的抵御能力。更多地提供按性别分类的信息将进一步使缔约方能够决定特定类型的干旱（如水文干旱或农业干旱）对妇女的影响是否过大，或与妇女的活动和收入来源有关的特定生产系统（如在水文干旱期间缺乏水源的国家）对妇女的影响是否过大。

为了反映国家、地方和市政各级干旱政策和计划的有效性，本指南的未来版本可能会考虑按照《仙台减少灾害风险框架》（联合国国际减灾战略，2017）的目标 E 和可持续发展目标的目标 1.5（更广泛地侧重于减少灾害风险规划）的既定指导方针，纳入一个与这些干旱计划的存在相关的要素。这可以反映缔约方在多大程度上积极采取措施应对干旱风险并建设相关社会机构。《联合国防治荒漠化公约》已在与缔约方合作制定管理计划，本建议正是考虑到这一点而提出的；但如 3.4.2 节所述，需要探讨和验证针对干旱的报告。联合国环境规划署《2020 年适应差距报告》为如何确定各缔约方政策和适应计划的有效性提供了指导。这些活动中产生的适应气候变化（包括干旱）的政策和计划的全球数据集及清单也可加以利用。

3 级指标报告未来决定性的关键的机遇是将生态系统部分纳入干旱脆弱性指数。有证据表明，生态系统服务与人类对干旱的脆弱性之间存在密切联系。例如，Hagenlocher et al.（2019）的研究表明，农业系统的干旱风险因土地退化和土壤侵蚀而加剧，但需要更好地了解生态系统（及其服务）作为干旱风险的驱动因素和提高抗灾能力的机遇所发挥的作用。正如联合国国际减灾战略（2004）所述，“随着自然资源变得越来越稀缺，群落可选择的范围也变得越来越有限，从而减少了应对解决方案的可用性，降低了当地抵御危害或灾后恢复的能力。随着时间的推移，环境因素会造成新的、不良的社会不和谐模式，经济贫困，最终导致整个群落被迫迁徙，从而进一步加剧脆弱性。”这句话清楚地表明了从人类角度进行生态系统脆弱性评估的必要性。

本指南中概述的 3 级指标监测方法允许增加其他组成要素，其中可包括生态系统，但正如 3.1 节中所解释的，由于缺乏科学认可和全球验证的方法及因素来对生态系统脆弱性进行有意义的评估，因此没有这样做。为了正确处理生态系统的脆弱性并全面解决战略目标 3 的问题，我们需要从生态系统的角度来考虑脆弱性以及生态系统为人类提供的服务。目前，只有少数研究包括了环境因素（Hagenlocher et al.，2019），这些因素主要与生态系统服务相一致。生态系统多种多样，对干旱的适应能力各不相同，并直接受到人类活动的影响，有关生态系统对气候变化脆弱性的研究表明，评估生态系统脆弱性非常复杂（De Lange et al.，2010；Hagenlocher et al.，2018；Weißhuhn et al.，2018），就像评估人类脆弱性的复杂性一样。因此，未来的研究需要建立并验证更全面地监测生态系统脆弱性的方法和因素，以便在未来版本的本指南中添加该组成部分。在短期内，未来的报告轮次可能会考虑在对人口进行评估的同时，对生态系统进行完整、单独的干旱脆弱性评估。此类活动可建立在现有监测和报告活动的基础上，如可持续发展目标指标 6.4.2、15.3.1，《联合国防治荒漠化公约》战略目标 1、战略目标 2 的监测，以及联合国大会于 2021 年 3 月通过的经修订的全球生态系统核算系统。

不过，未来研究需要注意的是，从脆弱性的定义到概念框架、方法、因素选择和权重，脆弱性（和风险）评估的整个过程都必须提高透明度，以实现可比性，从而推进这一领域的研究（González Tánago et al.，2016；Hagenlocher et al.，2019；Blauhut，2020），使缔约方受益。